高等院校公共基础课教材

Visual Basic 程序设计
实验指导书（第二版）

韦相和　翁小兰　主　编

田艳华　齐金山　黄贤立　陆　伟　副主编

吴克力　主　审

U0316504

中国铁道出版社有限公司
CHINA RAILWAY PUBLISHING HOUSE CO., LTD.

内 容 简 介

本书是在第一版的基础上修订而成，是《Visual Basic 程序设计教程（第二版）》（王郁武、翁小兰主编）的配套实验指导书。在章节上与主教材一致，在实验内容的安排上适当地提供了自测练习和综合练习，每个实验的目的明确、内容清晰、叙述到位。

本书依据全国和江苏省计算机等级考试二级考试大纲而编写，涵盖了全国计算机等级考试二级 Visual Basic 程序设计语言考试要求规定的全部内容。实验 1～3 立足于 Visual Basic 基础编程；实验 4～7 立足于算法设计，给出大量的经典和常用算法；实验 8～9 为 Visual Basic 程序设计的进阶；实验 10～11 旨在提高学生程序设计的综合应用能力。在第一版的基础上增加了全国和江苏省计算机等级考试二级 Visual Basic 上机部分的模拟题各两套，并提供了相应的答案解析。

本书本着"少而精"的原则而编写，全书版面清晰、结构紧凑、信息含量高、实用性强，适合作为高等院校 Visual Basic 程序设计课程的实验教材，也可供计算机软件开发人员阅读参考。

图书在版编目（CIP）数据

Visual Basic 程序设计实验指导书 / 韦相和,
翁小兰主编. — 2 版. — 北京：中国铁道出版社,
2013.2（2019.12重印）
高等院校公共基础课教材
ISBN 978-7-113-16002-9

Ⅰ. ①V… Ⅱ. ①韦… ②翁… Ⅲ. ①
BASIC 语言－程序设计－高等学校－教材 Ⅳ. ①TP312

中国版本图书馆 CIP 数据核字 (2013) 第 016990 号

书 名：	Visual Basic 程序设计实验指导书（第二版）	
作 者：	韦相和 翁小兰 主编	

策 划：	张围伟
责任编辑：	贾淑媛
封面设计：	付 巍
封面制作：	白 雪
责任印制：	郭向伟

出版发行：	中国铁道出版社有限公司（100054，北京市西城区右安门西街 8 号）
网 址：	http://www.tdpress.com/51eds/
印 刷：	三河市宏盛印务有限公司
版 次：	2010 年 1 月第 1 版 2013 年 2 月第 2 版 2019 年 12 月第 7 次印刷
开 本：	787mm×1092mm 1/16 印张：7.25 字数：170 千
书 号：	ISBN 978-7-113-16002-9
定 价：	17.00 元

第二版前言

本书第一版于 2010 年出版，通过几年的教学实践活动，我们对原有的内容进行了必要的补充和修订。

本书是《Visual Basic 程序设计教程（第二版）》的配套实验教材，全书共包括 11 个基础实验及全国和江苏省计算机等级考试二级 Visual Basic 上机模拟题。根据每个实验的具体要求，给出若干实验题，必要时还提供自测练习或综合练习。每个实验的目的明确、内容清楚、要求到位、步骤详细。部分实验在原有内容上进行了提升，更突出教学重点和等级考试的要求。

本书由韦相和、翁小兰任主编，田艳华、齐金山、黄贤立、陆伟任副主编，吴克力任主审。实验内容包括：实验 1～3 是 Visual Basic 的基础编程，立足让读者熟悉 Visual Basic 开发环境、了解常用控件以及掌握简单程序设计方法；实验 4～7 是算法设计，立足让读者掌握结构化程序的三种结构、数组的灵活运用、过程和函数的使用以及文件的操作；实验 8～11 是程序设计进阶，立足让读者掌握复杂程序的调试技术、了解多媒体技术和数据库编程技术；附录 A 是全国和江苏省计算机等级考试二级 Visual Basic 上机考试的模拟试题（各两套并备有答案解析），立足让参加计算机等级考试的读者能够有一个考前模拟的机会。

教学探索的道路上是没有止境的，真诚地希望读者和同行们能对这本书提出宝贵的意见。

编　者
2012 年 12 月

第一版前言

  随着计算机技术的飞速发展，计算机基础教育已成为当代大学生素质教育中的重要组成部分。教育部明确要求高等学校的学生必须掌握一门程序设计语言。Visual Basic 是当今最受欢迎的程序设计语言之一，同时也是全国计算机等级考试（二级）及江苏省计算机等级考试（二级）的选择语种之一。我们经过多年的教学改革与实践，在不断吸收全国众多高校在计算机基础教育这一领域中积累的大量宝贵经验的基础上，按照全国计算机等级考试大纲及江苏省计算机等级考试大纲的要求，编写了本书。

  本书是《Visual Basic 程序设计教程》的配套实验教材，全书共包括 11 个实验。根据每个实验的具体要求，给出若干实验题，必要时还提供了自测练习或综合练习。每个实验的目的明确、内容清楚、要求到位、步骤详细。本书建议用 32～36 学时进行教学。

  本书由韦相和、翁小兰任主编，田艳华、齐金山、黄贤立、陆伟任副主编，吴克力任主审。其中，实验 2、4、5 由翁小兰编写，实验 6、7 由田艳华编写，实验 8、9 由齐金山编写，实验 i0、11 由黄贤立编写，实验 1、3 由陆伟编写，韦相和、翁小兰对全书进行了统稿。

  在本书的编写过程中，得到淮阴师范学院许多领导、老师的关注和指导，计算机科学与技术学院的吴克力院长主审了此书，在此表示感谢。另外，除书后列出的参考文献外，本书还参考了一些其他作者的相关书目，在此也对他们表示衷心的感谢。

  由于作者水平有限，加之时间仓促，书中的疏漏或不足之处在所难免，敬请读者批评指正。

编　者

2009 年 11 月

目　录

实验 1 │ Visual Basic 概述

实验目的

◆ 熟悉 Visual Basic 的开发环境。

◆ 掌握创建简单的 Visual Basic 应用程序的方法。

◆ 通过实验熟悉 Visual Basic 应用程序开发的一般步骤。

实验 1-1　内容切换

【题目】建立一个应用程序，单击按钮后改变标签中内容以及文本颜色。

【要求】

① 应用程序窗体如图 1-1（a）所示。

② 在窗体中有一个显示"你好"文字的标签 Label1 和一个"单击"命令按钮 Command1。标签的尺寸能够根据内容自动调整。

③ 运行程序时，单击命令按钮后，将标签中文字改为"Hello"，并且字体颜色改为蓝色，如图 1-1（b）所示。

【分析】将标签控件的 AutoSize 属性设置成"True"，就可以使标签的大小根据标签内容自动调整；使用 ForeColor 属性将标签中的文字设置为蓝色，颜色可以使用函数 RGB(0,0,255)或系统常量 vbBlue 进行赋值。

（a）

（b）

图 1-1　内容切换

【实验步骤】

1．界面设计

读者可参照图 1-1（a）创建用户界面，窗体上放置一个 Label 控件和一个 CommandButton 控件。

2．属性设置

对象的属性设置如表 1-1 所示。

表 1-1

对　　象	属 性 名 称	属 性 值
窗体	Caption	内容切换
标签	AutoSize	True
	Caption	你好
命令按钮	Name	Command1
	Caption	单击

3．添加程序代码

```
Private Sub Command1_Click()
    Label1.Caption="hello"          '改变内容
    Label1.ForeColor=vbBlue         '改变颜色
End Sub
```

4．运行程序并保存文件

运行程序，观察运行结果，并保存窗体文件和工程文件。

实验 1-2　改 变 字 号

【题目】建立一个应用程序，根据用户的操作对标签内文字的大小进行相应设置。

【要求】

① 应用程序窗体如图 1-2 所示。

② 窗体上有一名称为 Lable1 的标签，其标题为"我爱计算机!"，字体字号为宋体 12 号，且能根据标题内容自动调整标签的大小；运行程序时，单击"放大"按钮，Lable1 中所显示的标题内容则自动增大 4 个字号；单击"还原"按钮，Lable1 中所显示的标题内容则自动恢复为 12 号字。

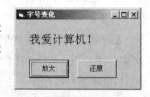

图 1-2　字号变化

【分析】将标签控件的 AutoSize 属性设置成 True，就可以使标签的大小根据标签内容自动调整；标签标题文本的字号可以通过 FontSize 属性或 Font.Size 属性进行设置。

【实验步骤】

1．界面设计

读者可参照图 1-2 创建用户界面，窗体上放置一个 Label 控件和两个 CommandButton 控件。

2．属性设置

对象的属性设置如表 1-2 所示。

表 1-2

对 象	属 性 名 称	属 性 值
窗体	Caption	字号变化
标签 1	AutoSize	True
	Caption	我爱计算机！
	Font	（如图 1-3 所示）
命令按钮 1	Name	CmdLarge
	Caption	放大
命令按钮 2	Name	CmdReturn
	Caption	还原

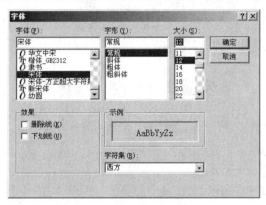

图 1-3 "字体"对话框

3．添加程序代码

```
Private Sub CmdLarge_Click()              '放大按钮
    Label1.FontSize=Label1.FontSize+4
End Sub
Private Sub CmdReturn_Click()             '还原按钮
    Label1.Font.Size=12
End Sub
```

4．运行程序并保存文件

运行程序，观察运行结果，并保存窗体文件和工程文件。

实验 2 ‖ 对象及其操作

实验目的

◆ 熟悉窗体的常用属性、方法和事件。
◆ 掌握常用控件（标签、命令按钮、文本框、单选按钮、复选框、图像框、列表框、组合框、滚动条、时钟）的属性、方法和事件。

实验 2-1 窗 体

【题目】窗体沿着"上"、"下"、"左"、"右"4 个不同的方向移动。

【要求】

① 应用程序窗体如图 2-1 所示。

② 程序运行时，分别单击窗体上的"上"、"下"、"左"、"右"4 个按钮，窗体会在相应方向移动。

【分析】窗体的 Left 属性决定了窗体左边框到屏幕左边框的距离，Top 属性决定了窗体顶部到屏幕顶部的距离，因此，可以通过修改窗体的这两个属性，实现窗体的移动效果。另外，本程序所要求的窗体的移动效果，也可以通过窗体的 Move 方法实现，具体实现请读者参考教材自行完成。

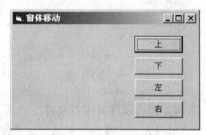

图 2-1 窗体移动

【实验步骤】

1. 界面设计

窗体上放置 4 个 CommandButton 控件，如图 2-1 所示。

2. 属性设置

对象的属性设置如表 2-1 所示。

表 2-1

对 象	属 性 名 称	属 性 值
窗体	Name	Form1
	Caption	窗体移动
命令按钮 1	Name	Cmd_up
	Caption	上

续表

对　　象	属 性 名 称	属 性 值
命令按钮 2	Name	Cmd_down
	Caption	下
命令按钮 3	Name	Cmd_left
	Caption	左
命令按钮 4	Name	Cmd_right
	Caption	右

3．添加程序代码

```
Private Sub Cmd_down_Click()
    Form1.Top=Form1.Top+100
End Sub

Private Sub Cmd_left_Click()
    Form1.Left=Form1.Left-100
End Sub

Private Sub Cmd_right_Click()
    Me.Left=Me.Left+100              'Me 指当前窗体，即 Form1
End Sub

Private Sub Cmd_up_Click()
    Top=Top-100                      '对象名省略，默认指当前窗体，即 Form1
End Sub
```

4．运行程序并保存文件

运行程序，观察运行结果，并保存窗体文件和工程文件。

实验 2-2　命令按钮（一）

【题目】命令按钮变宽。

【要求】

① 在名称为 Form1 的窗体上画一个名称为 C1、标题为"变宽"的命令按钮，如图 2-2 所示。

② 编写程序，使得单击命令按钮时，命令按钮水平方向的宽度增加 100。

【分析】命令按钮变宽可以通过其 Width 属性值的增加来实现。

【实验步骤】

1．界面设计和属性设置

读者可参照图 2-2 自行设置。

2．添加程序代码

```
Private Sub C1_Click()
    C1.Width=C1.Width+100
End Sub
```

图 2-2　改变按钮宽度

3. 运行程序并保存文件

运行程序，观察运行结果，并保存窗体文件和工程文件。

实验 2-3　命令按钮（二）

【题目】命令按钮交替显示。

【要求】

① 在名称为 Form1 的窗体上画 1 个标题为"努力学习"的标签、3 个标题分别为"按钮 1"、"按钮 2"和"结束"的命令按钮，且"按钮 2"的 Enabled 属性值设置为 False，如图 2-3（b）所示。

② 运行程序，单击"按钮 1"，标签中显示"报效祖国"，"按钮 1"失效，"按钮 2"生效并且获得焦点，如图 2-3（a）所示；单击"按钮 2"，标签中显示"努力学习"，"按钮 2"失效，"按钮 1"生效并且获得焦点，如图 2-3（b）所示；单击"结束"按钮，退出程序。

【分析】命令按钮的 Enabled 属性可以决定该对象是否可以响应用户生成事件，当取 True 时可以响应，取 False 时不可以响应。

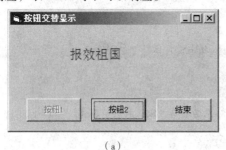
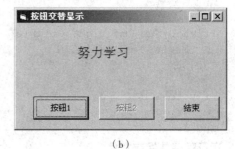

（a）　　　　　　　　　　　　　　　　（b）

图 2-3　按钮交替显示

【实验步骤】

1. 界面设计和属性设置

读者可参照图 2-3（b）自行设置。

2. 添加程序代码

```
Private Sub Command1_Click()
    Label1.Caption="报效祖国"
    Command2.Enabled=True
    Command2.SetFocus
    Command1.Enabled=False
End Sub

Private Sub Command2_Click()
    Label1.Caption="努力学习"
    Command1.Enabled=True
    Command1.SetFocus
    Command2.Enabled=False
End Sub
```

```
Private Sub Command3_Click()
    End
End Sub
```

3. 运行程序并保存文件

运行程序，观察运行结果，并保存窗体文件和工程文件。

实验 2-4　文本框（一）

【题目】文本框内容的不同显示效果。

【要求】

① 应用程序窗体如图 2-4 所示。

② 程序运行时，在 Text1 中输入若干字符，单击"隐藏口令"按钮，则只显示同样数量的"*"（见图 2-4（a））；单击"显示口令"按钮，则显示输入的字符（见图 2-4（b））；单击"重新输入"按钮，则清除 Text1 中的内容，并把光标定位到 Text1 中。

【分析】从程序运行效果图可以发现，文本框的内容以居中的形式显示，这是通过文本框控件的 Alignment 属性实现的。Alignment 有 3 种取值：0、1、2，分别代表左对齐、右对齐和居中显示。另外，文本框控件中内容的不同显示形式可以通过 PasswordChar 属性进行设置，当设置为"*"时，文本框的字符将全部转变成"*"显示；文本框内容的清除，只需将其 Text 属性设置为空字符串即可；文本框焦点的获取可通过 SetFocus 方法实现。

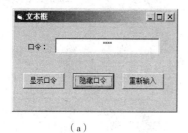
（a）

（b）

图 2-4　文本框

【实验步骤】

1. 界面设计和属性设置

读者可参照图 2-4 自行设置。

2. 添加程序代码

```
Private Sub Cmd1_Click()
    Text1.PasswordChar=""
End Sub

Private Sub Cmd2_Click()
    Text1.PasswordChar="*"
End Sub
```

```
Private Sub Cmd3_Click()
    Text1.Text=""
    Text1.SetFocus
End Sub
```

3. 运行程序并保存文件

运行程序，观察运行结果，并保存窗体文件和工程文件。

实验 2-5 文本框（二）

【题目】文本选取。在文本框中输入一系列字符，程序运行时，选中其中的若干字符，单击"显示选中信息"按钮，则将文本框中的选中信息显示在其他的文本框中。

【要求】

① 应用程序界面如图 2-5 所示。

② 程序运行时，文本框中的内容禁止修改，单击"显示选中信息"按钮，则把第一个文本框中所选文本、文本的个数以及文本的起始位置分别显示在其他文本框中。

【分析】为了使得文本框的内容禁止修改，可以设置其 Locked 属性为 True 来实现；文本框中所选内容信息可以分别通过文本框控件的 SelText、SelStart 和 SelLength 属性来获取。

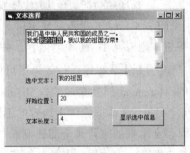

图 2-5 文本选择

【实验步骤】

1. 界面设计和属性设置

读者可参照图 2-5 自行设置。

2. 添加程序代码

```
Private Sub Command1_Click()
    Text2.Text=Me.Text1.SelText
    Text3.Text=Str(Me.Text1.SelStart)
    Text4.Text=Str(Me.Text1.SelLength)
End Sub
```

3. 运行程序并保存文件

运行程序，观察运行结果，并保存窗体文件和工程文件。

实验 2-6 图 像 框

【题目】在图像框中加载图片，并根据要求将图片进行移动和复位。

【要求】

① 应用程序窗体如图 2-6 所示。

② 程序运行时，单击"加载图片"按钮，则将文本框中指定位置的图片显示在图像框中（见图 2-6）；单击"卸载图片"按钮，则从图像框中将图片清除；单击"移动"按钮，则将图像框向右移动 10 twip；单击"复位"按钮，图像框自动回位到原来的位置。

【分析】对于图像框和图片框控件均可以在运行过程中通过 LoadPicture 方法进行图片的动态加载。图像框的移动可以通过设置 Left 属性或者使用 Move 方法来实现。

图 2-6　图像框

【实验步骤】

1．界面设计和属性设置

读者可参照图 2-6 自行设置。

2．添加程序代码

```
Private Sub Command1_Click()
    Image1.Picture=LoadPicture(Me.Text1.Text)
End Sub

Private Sub Command2_Click()
    Image1.Picture=LoadPicture("")
End Sub

Private Sub Command3_Click()
    Image1.Move Image1.Left-10
End Sub

Private Sub Command4_Click()
    Image1.Left=Image1.Left+10
End Sub
```

3．运行程序并保存文件

运行程序，观察运行结果，并保存窗体文件和工程文件。

实验 2-7　单选按钮和复选框

【题目】通过单选按钮和复选框设置文本框中文本的格式。

【要求】

① 应用程序窗体如图 2-7 所示。

② 程序运行时，单击"字体大小"选项组下的单选按钮，则将文本框中文本的字号进行相应变化，如图 2-7（a）所示；单击"字体样式"选项组下的复选框，则文本框的文本样式也随之变化，如图 2-7（b）所示。

【分析】文本框中字体的大小可以通过其 Font.Size 或 FontSize 属性进行设置；文本框中字体样式，如加粗，可以通过将其 Font.Bold 或 FontBold 属性设置为 True 来实现。

◎注意

本题中单选按钮的文本显示在右侧，需要将其 Alignment 属性设置为 1。另外，第一个单选按钮默认处于选中状态，如图 2-7(a)所示，因此必须在属性对话框中将其 Value 属性设置成 True。

【实验步骤】

1. 界面设计和属性设置

读者可参照图 2-7 自行设置。

（a）　　　　　　　　　　　　（b）

图 2-7　单选按钮、复选框

2. 添加程序代码

```
Private Sub Check1_Click()    '加粗
    Text1.Font.Bold=Check1.Value
End Sub

Private Sub Check2_Click()    '倾斜
    Text1.FontItalic=Check2.Value
End Sub

Private Sub Check3_Click()    '下画线
    Text1.Font.Underline=Check3.Value
End Sub

Private Sub Option1_Click()   '字号: 8
    Text1.Font.Size=Option1.Caption
End Sub

Private Sub Option2_Click()   '字号: 12
    Text1.Font.Size=Option2.Caption
End Sub
```

```
Private Sub Option3_Click() '字号: 24
    Text1.Font.Size=Option3.Caption
End Sub

Private Sub Option4_Click()   '字号: 40
    Text1.Font.Size=Option4.Caption
End Sub
```

3. 运行程序并保存文件

运行程序,观察运行结果,并保存窗体文件和工程文件。

实验 2-8　列　表　框

【题目】动态添加、删除列表框内容。

【要求】

① 应用程序窗体如图 2-8 所示,包括 1 个文本框、1 个列表框和 3 个命令按钮,并且在列表框中已经预设了“学号”、“姓名”、“性别”3 个列表项。

② 程序运行时,单击“添加”按钮,则将文本框中的内容添加到列表框中,并且清空文本框内容;单击“移除”按钮,则将列表框中选定的列表项删除;单击“清除”按钮,则将列表框中所有列表项全部清除;双击列表框,则将列表框中被双击的列表项从中移除。

【分析】本题主要考查列表框中项目的添加、移除和清除方法,可以分别通过 AddItem、RemoveItem 和 Clear 方法来实现。

【实验步骤】

1. 界面设计和属性设置

读者可参照图 2-8 自行设置。

图 2-8　列表框

2. 添加程序代码

```
Private Sub C1_Click()         '添加项目
    List1.AddItem Text1.Text
    Text1.Text=""
    Text1.SetFocus
End Sub

Private Sub C2_Click()         '移除项目
    If(List1.ListIndex>0) Then
        List1.RemoveItem List1.ListIndex
    End If
End Sub

Private Sub C3_Click()         '清空项目
    List1.Clear
    Text1.SetFocus
End Sub
```

```
Private Sub List1_DblClick()      '移除项目
    List1.RemoveItem List1.ListIndex
End Sub
```

3. 运行程序并保存文件

运行程序，观察运行结果，并保存窗体文件和工程文件。

实验 2-9　滚　动　条

【题目】通过滚动条实现字号的变化。

【要求】

① 应用程序窗体上有 1 个标签、1 个文本框和 1 个水平滚动条，如图 2-9（a）所示。

② 标签能够自动调整以显示所有内容，滚动条所能表示的最小值和最大值分别为 8 和 100。

③ 程序运行后，单击滚动条两端的箭头时，滚动块移动的增量为 2，单击滚动块前面或后面的部位时，滚动块移动的增量值为 4，同时改变标签中文本的字号并在文本框中显示相应滚动块的值，图 2-9（b）是滚动块在最右边的运行界面。

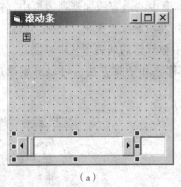
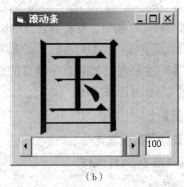

（a）　　　　　　　　　　　　　　　（b）

图 2-9　滚动条

【分析】根据题意需要在设计阶段对标签和滚动条的相关属性进行设置，设置标签的 AutoSize 属性值为 True，设置滚动条的 Min 和 Max 属性值分别为 8 和 100、SmallChange 和 LargeChange 属性值分别为 2 和 4。

【实验步骤】

1. 界面设计和属性设置

读者可参照图 2-9(a)自行设置。

2. 添加程序代码

```
Private Sub HScroll1_Change()
    Label1.Font.Size=HScroll1.Value
    Text1.Text=HScroll1.Value
End Sub
```

3. 运行程序并保存文件

运行程序，观察运行结果，并保存窗体文件和工程文件。

实验 2-10 时 钟 控 件

【题目】通过时钟控件实现字幕滚动。

【要求】

① 应用程序窗体（见图 2-10）上有一个标签 L1 和一个时钟控件 Timer1。

② 程序运行时，标签自动每隔 0.3 秒向左边移动，当移动到窗体左边框或窗体右边框时，标签向相反方向移动。

【分析】题中要求每隔 0.3 秒触发时钟控件事件，因此必须将 Timer 控件的 Interval 属性设置为 300；因为标签的移动方向在移至窗体边界时会改变方向，所以定义控制标签移动方向的整型变量 x（变量 x 被两个事件公用，必须在通用部分声明），当到达窗体边界时取相反数，即 x=-x。

图 2-10 滚动字幕

【实验步骤】

1. 界面设计和属性设置

读者可参照图 2-10 自行设置。

2. 添加程序代码

```
Dim x As Integer        '定义整型变量x,用以存储标签移动方向
Private Sub Form_Load()
    x=-1
End Sub

Private Sub Timer1_Timer()
    Label1.Left=Me.Label1.Left+x*100
    If L1.Left<=0 Or L1.Left>=Form1.Width-L1.Width Then
        x=-x                '如果到达窗体的边界,改变方向
    End If
End Sub
```

3. 运行程序并保存文件

运行程序，观察运行结果，并保存窗体文件和工程文件。

4. 实验思考

如果标签一开始从左向右移动，应该如何修改程序？

实验 3 | Visual Basic 程序设计基础

实验目的
◆ 掌握变量的定义和使用方法。
◆ 掌握常用函数的使用方法。
◆ 掌握 Visual Basic 输入/输出的方法。

实验 3-1　算 术 函 数

【题目】设计一个计算余弦函数值的界面，在上面的文本框内输入角度值，单击"计算"按钮，在下面的文本框中输出其余弦值。

【要求】
① 应用程序窗体如图 3-1 所示。
② 定义相应类型变量接收文本框输入的角度值，计算结果小数点后保留 3 位有效位。

【分析】注意 Visual Basic 三角函数的参数为弧度，必须将角度值转换为弧度后再求三角函数值；计算结果要求显示 3 位小数位，则需要使用 Format 函数进行控制。

【实验步骤】

1．界面设计

读者可参照图 3-1 创建用户界面，窗体上放置 2 个 Label 控件、2 个 TextBox 控件和 1 个 CommandButton 控件。

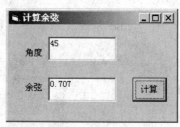

图 3-1　计算余弦函数值

2．属性设置

请参考窗体界面和程序代码，自行设置各控件的属性值。

3．添加程序代码

```
Private Sub Command1_Click()
    Dim x As Single
    x=Text1.Text
    Text2.Text= Format(Cos(x / 180 * 3.14159), "0.000")
End Sub
```

4．运行程序并保存文件

运行程序，观察运行结果，并保存窗体文件和工程文件。

实验 3-2 转 换 函 数

【题目】小数转换成整数。在第一个文本框内输入小数，在下面 3 个文本框内分别输出相应的转换结果。

【要求】

① 应用程序窗体如图 3-2 所示，图 3-2（a）与图 3-2（b）是分别输入一个正数和负数的运行结果示例图。

② 程序运行，在第一个文本框中输入一个数值后，单击"运算"按钮，在第二个文本框内显示 Int 函数运算结果，在第三个文本框内显示 CInt 函数运算结果，在第四个文本框内显示 Fix 函数运算结果。

【分析】每次输入一个具有代表性的小数，结合运算结果明确 Int、CInt 和 Fix 函数的联系和区别。

【实验步骤】

1. 界面设计

读者可参照图 3-2 创建用户界面，窗体上放置 4 个 Label 控件、4 个 TextBox 控件和 1 个 CommandButton 控件。

2. 属性设置

请参考窗体界面和程序代码，自行设置各控件的属性值。

（a）

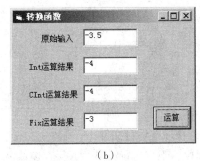
（b）

图 3-2 转换函数

3. 添加程序代码

```
Private Sub Command1_Click()
    Dim n As Single
    n=Val(Text1.Text)          'Val 函数将字符串转换成数值
    Text2.Text=Int(n)
    Text3.Text=CInt(n)
    Text4.Text=Fix(n)
End Sub
```

4. 运行程序并保存文件

运行程序，观察运行结果，并保存窗体文件和工程文件。

实验 3-3　日　期　函　数

【题目】建立应用程序，显示系统日期，显示格式如图 3-3 所示。

【要求】

① 应用程序窗体如图 3-3 所示。

② 程序运行时，单击"显示"按钮，在窗体及标签控件中分别显示当天日期。

【分析】系统时间可由 Date()函数得到，用带 Format()函数的 Print 方法实现在窗体中直接显示日期，通过 Year()、Month()、Day()函数得到年、月、日的数值，连接后在标签控件中显示。

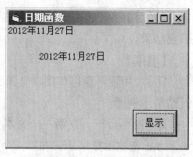

图 3-3　显示系统当前日期

【实验步骤】

1. 界面设计

读者可参照图 3-3 创建用户界面，窗体上放置 1 个 Label 控件和 1 个 CommandButton 控件。

2. 属性设置

请参考窗体界面和程序代码，自行设置各控件的属性值。

3. 添加程序代码

```
Private Sub Command1_Click()
    Dim Rq As Date
    Dim y As Integer, m As Integer, d As Integer
    Rq = Date
    y = Year(Rq)
    m = _____
    d = _____
    Label1.Caption = y & "年" & m & "月" & d & "日"
    Print Format(Rq, "_____")
End Sub
```

4. 运行程序并保存文件

运行程序，观察运行结果，并保存窗体文件和工程文件。

实验 3-4　字符串函数

【题目】建立应用程序，将第一个文本框内输入的以逗号分隔的学生基本信息，分为学号和姓名分别显示在相应文本框内。

【要求】

① 应用程序窗体如图 3-4 所示。

② 程序运行时，单击"提取"按钮，在第二个文本框内显示学号，在第三个文本框内显示姓名。

【分析】学生基本信息是以逗号分隔的，通过 InStr()函数求出逗号在整个信息字符串中的位置，再由 Left()和 Right()函数分别得到逗号左边的学号信息和逗号右边的姓名信息。

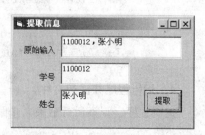

图 3-4　提取学生基本信息

【实验步骤】

1. 界面设计

读者可参照图 3-4 创建用户界面，窗体上放置 3 个 Label 控件、3 个 TextBox 控件和 1 个 CommandButton 控件。

2. 属性设置

请参考窗体界面和程序代码，自行设置各控件的属性值。

3. 添加程序代码

```
Private Sub Command1_Click()
    Dim s As String
    Dim n As Integer
    s=Trim(Text1.Text)
    n=InStr(s,",")
    Text2.Text=Left(s,n-1)
    Text3.Text=Right(s,Len(s)-n)
End Sub
```

4. 运行程序并保存文件

运行程序，观察运行结果，并保存窗体文件和工程文件。

实验 3-5　对　话　框

【题目】在一个字符串的指定位置插入一个字符，插入位置和待插入的字符都从键盘输入。

【要求】

① 应用程序窗体如图 3-5（a）所示。

② 程序运行时，单击"确定"按钮，依次弹出要求输入插入位置和插入字符的输入对话框（如图 3-5（c）、（d）所示），如果插入位置在第一个位置和最后位置之间，则在第二个文本框内插入字符后的字符串，否则弹出"插入位置不正确！"的消息框（如图 3-5（b）所示）。

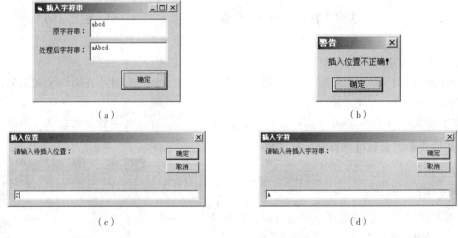

<table>
<tr><td>（a）</td><td>（b）</td></tr>
<tr><td>（c）</td><td>（d）</td></tr>
</table>

图 3-5　插入字符串

【分析】字符的插入可以将指定位置之前的字符串用 Left() 函数求出，然后连接上需插入的字符，最后再连接上由 Right() 函数求出的插入位置之后的字符串。

【实验步骤】

1. 界面设计

读者可参照图 3-5（a）创建用户界面，窗体上放置 2 个 Label 控件、2 个 TextBox 控件和 1 个 CommandButton 控件。

2. 属性设置

请参考窗体界面和程序代码，自行设置各控件的属性值。

3. 添加程序代码

```
Private Sub Command1_Click()
    Dim str1 As String
    Dim n As Integer, str2 As String
    str1=Text1.Text
    n=Val(InputBox("请输入待插入位置: ", "插入位置"))
    str2=InputBox("请输入待插入字符串: ", "插入字符")
    If n>=1 And n<=Len(str1)+1 Then              '控制插入的位置
        Text2.Text=Left(str1, n-1)+str2+Right(str1, Len(str1)-n+1)
    Else
        MsgBox "插入位置不正确! ", vbOKOnly, "警告"
        Text1.SetFocus
    End If
End Sub
```

4. 运行程序并保存文件

运行程序，观察运行结果，并保存窗体文件和工程文件。

实验 3-6   综合实验（一）

【题目】随机产生一个 3 位正整数，然后逆序输出。例如，产生 681，输出 186。

【要求】

① 应用程序窗体如图 3-6 所示。

② 程序运行时，单击"确定"按钮，随机产生一个 3 位正整数显示在第一个文本框，经过反序处理后显示在第二个文本框。

【分析】对于介于 100～999 之间的数值，可以通过整除、Mod 等运算求得百位、个位、十位的数值，然后重新组合就可以得到其反序数。

【实验步骤】

1. 界面设计

读者可参照图 3-6 创建用户界面，窗体上放置 2 个 Label 控件、2 个 TextBox 控件和 1 个 CommandButton 控件。

图 3-6   逆序数

2．属性设置

请参考窗体界面和程序代码，自行设置各控件的属性值。

3．添加程序代码

```
Private Sub Command1_Click()
    Dim n As Integer
    Dim a%, b%, c%
    Randomize
    n=Int(Rnd*(999-100+1)+100)
    Text1.Text=n
    a=n\100
    b=(n-a*100)\10              '等价于 b=(n mod 100)\10
    c=n-a*100-b*10              '等价于 b=n mod 10
    Text2.Text=c*100+b*10+a
End Sub
```

4．运行程序并保存文件

运行程序，观察运行结果，并保存窗体文件和工程文件。

实验 3-7　综合实验（二）

【题目】编写程序计算并输出给定半径的圆的周长和面积。

【实验步骤】略。

实验目的

◆ 理解顺序结构、分支结构、循环结构的运行机制。

◆ 掌握选择结构，灵活使用 If...Else 和 Select Case 分支语句。

◆ 掌握循环结构程序设计，灵活使用 For、While、Do...Loop 循环语句。

实验 4-1　顺序结构（一）

【题目】根据输入的长和宽，计算矩形的周长和面积。

【要求】

① 应用程序窗体如图 4-1 所示。

② 程序运行时，单击"周长"按钮，计算并输出矩形的周长；单击"面积"按钮，计算并输出矩形的面积；单击"结束"按钮，结束程序的运行。

【分析】设矩形的长为 w，宽为 h，则矩形的周长 $C=2 \times (w+h)$；矩形的面积 $Area=w \times h$。需要定义 4 个变量分别存放矩形的长、宽、周长和面积。

图 4-1　计算矩形周长和面积

【实验步骤】

1. 界面设计

窗体上放置 4 个 Label 控件、4 个 TextBox 控件和 3 个 CommandButton 控件，如图 4-1 所示。

2. 属性设置

对象的属性设置如表 4-1 所示。

表 4-1

对　　象	属 性 名 称	属　性　值
窗体	Name	Form1
	Caption	矩形周长和面积
标签 1	Name	Lbl_w
	Caption	输入长度：

续表

对　象	属 性 名 称	属 性 值
标签 2	Name	Lbl_h
	Caption	输入宽度：
标签 3	Name	Lbl_c
	Caption	矩形周长：
标签 4	Name	Lbl_s
	Caption	矩形面积：
文本框 1	Name	txt_w
	Caption	空
文本框 2	Name	txt_h
	Caption	空
文本框 3	Name	txt_c
	Caption	空
文本框 4	Name	txt_s
	Caption	空
命令按钮 1	Name	Cmd_c
	Caption	周长
命令按钮 2	Name	Cmd_s
	Caption	面积
命令按钮 3	Name	Cmd_exit
	Caption	结束

3. 添加程序代码

```
Dim w As Single, h As Single
Private Sub Cmd_c_Click()
    Dim c As Single
    w=Val(txt_w.Text)
    h=Val(txt_h.Text)
    c=2*(w+h)
    txt_c.Text=CStr(c)
End Sub

Private Sub Cmd_exit_Click()
    End
End Sub

Private Sub Cmd_s_Click()
    Dim s As Single
    s=w*h
```

```
        txt_s.Text=CStr(s)
    End Sub
```

4．运行程序并保存文件

运行程序，观察运行结果，并保存窗体文件和工程文件。

实验 4-2　顺序结构（二）

【题目】编写程序计算给定上底、下底和高的梯形的面积。

【要求】

① 应用程序窗体如图 4-2 所示。

② 程序运行时，输入上底、下底和高后，单击"计算"按钮将梯形的面积计算并输出在最后一个文本框；单击"清除"按钮，清除所有文本框中的内容并让第一个文本框获得焦点；单击"退出"按钮，结束程序。

【实验步骤】略。

图 4-2　求梯形面积

实验 4-3　分支结构（If 语句 1）

【题目】从键盘输入 3 个数，编写程序，将输入的 3 个数进行从大到小排序并输出。

【要求】

① 应用程序窗体如图 4-3 所示。

② 程序运行时，单击"清除"按钮，清除图片框中的内容；单击"单击"按钮，依次弹出 3 个输入对话框并输入相应数值，经过从大到小排序后输出到图片框。

【分析】3 个数的排序可以分解成每两个数之间的比较，首先在 a 和 b 间进行比较，如果 $a<b$ 则将 a 和 b 的值进行交换，确保 a 的值大于 b 的值；然后在 a 和 c 之间比较，如果 $a<c$ 则将 a 和 c 的值进行交换，确保 a 的值大于 c 的值，经过两次比较 a 变量的值就是 3 个数中最大的；最后在 b 和 c 之间比较，如果 $b<c$ 则将 b 和 c 的值进行交换，确保 b 的值大于 c 的值。图片框内容的清除使用 Cls 方法。

【实验步骤】

1．界面设计和属性设置

读者可参照图 4-3 自行设置。

2．添加程序代码

```
Private Sub Command1_Click()
    Dim a!, b!, c!, t!
    a=Val(InputBox("请输入 a 的值: "))
    b=Val(InputBox("请输入 b 的值: "))
    c=Val(InputBox("请输入 c 的值: "))
    Picture1.Print "排序前 a,b,c 的值为: "
    Picture1.Print a; b; c
    Picture1.Print "排序后 a,b,c 的值为: "
```

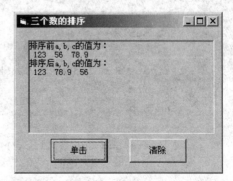

图 4-3　三个数的排序

```
    If a<b Then
        t=a: a=b: b=t
    End If
    If a<c Then
        t=a: a=c: c=t
    End If
    If b<c Then
        t=b: b=c: c=t
    End If
    Picture1.Print a; b; c
End Sub


Private Sub Command2_Click()
    Picture1.Cls                    '清空图片框内容
End Sub
```

3. 运行程序并保存文件

运行程序，观察运行结果，并保存窗体文件和工程文件。

实验 4-4　分支结构（If 语句 2）

【题目】火车站行李费的收费标准是 50 kg 以内（包括 50 kg）0.20 元/kg，超过部分 0.50 元/kg。编写程序，要求根据输入的任意重量，计算出应付的行李费。根据题意计算公式如下：

$$\text{Pay} = \begin{cases} \text{Weight} \times 0.2 & \text{Weight} \leqslant 50 \\ (\text{Weight} - 50) \times 0.5 + 50 \times 0.2 & \text{Weight} > 50 \end{cases}$$

【要求】

① 应用程序窗体如图 4-4 所示。

② 程序运行时，单击"清除"按钮，清空两个文本框内容，并将光标停留在第一个文本框中；单击"计算"按钮，根据输入重量进行计算并输出收费，如果输入负值，则弹出 "输入有误！"对话框；单击"退出"按钮，结束程序的运行。

【分析】题意要求根据输入重量的取值决定不同的计算公式，所以使用到分支结构，同时分支较少，选用 if 语句比较合适；文本框内容的清除，只需将其 Text 属性设置为空字符串；文本框焦点的获取通过 SetFocus 方法进行设置。

【实验步骤】

1. 界面设计和属性设置

读者可参照图 4-4 自行设置。

2. 添加程序代码

```
Private Sub Cmd1_Click()
    Text1.Text=""                   '清空文本框内容
    Text2.Text=""
    Text1.SetFocus                  '设置焦点
End Sub
```

图 4-4　计算行李费

```
Private Sub Cmd2_Click()
    Dim Weight As Single, Pay As Single
    Weight=Val(Text1.Text)                '读入行李重量
    If Weight>0 Then
        If Weight<=50 Then
            Pay=Weight * 0.2
        Else
            Pay=(Weight - 50) * 0.5 + 50 * 0.2
        End If
        Text2.Text=CStr(Pay)              '输出行李费
    Else
        MsgBox "输入有误! "
    End If
End Sub

Private Sub Cmd3_Click()
    End
End Sub
```

3．运行程序并保存文件

运行程序，观察运行结果，并保存窗体文件和工程文件。

实验 4-5　分支结构（Select Case 语句）

【题目】将 0~9 之间的数字翻译成对应的英语单词。

【要求】

① 应用程序窗体如图 4-5（a）所示。

② 程序运行时，单击 "click" 按钮，弹出输入对话框供用户输入，如果输入 0~9 之间的数字，将其翻译成对应的英文单词并以消息框的形式输出（图 4-5（b）是输入 0 后出现的消息框）；若输入内容不在指定范围内，则给出 "输入错误，请重新输入" 的信息提示。

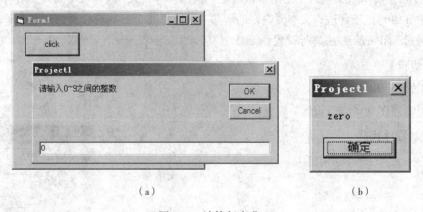

（a）　　　　　　　　　　　　（b）

图 4-5　计算行李费

【分析】由于输入的情况有 11 种可能，很明显采用多分支结构实现，Select Case 语句可以简洁明了地表示题意。

【实验步骤】

1．界面设计和属性设置

读者可参照图 4-5（a）自行设置。

2．添加程序代码

```
Private Sub Command1_Click()
    Dim n As Integer
    n = Val(InputBox("请输入 0~9 之间的整数"))
    Select Case n
        Case 0
            MsgBox ("zero")
        Case 1
            MsgBox ("one")
        Case 2
            MsgBox ("two")
        Case 3
            MsgBox ("three")
        Case 4
            MsgBox ("four")
        Case 5
            MsgBox ("five")
        Case 6
            MsgBox ("six")
        Case 7
            MsgBox ("seven")
        Case 8
            MsgBox ("eight")
        Case 9
            MsgBox ("nine")
        Case Else
            MsgBox ("输入错误，请重新输入")
    End Select
End Sub
```

3．运行程序并保存文件

运行程序，观察运行结果，并保存窗体文件和工程文件。

实验 4-6　循环结构（For…Next 语句）

【题目】求出 3 位正整数中的水仙花数。所谓水仙花数是指该数的百、十、个位数的立方和等于其本身的数，例如：$153=1^3+5^3+3^3$，153 是水仙花数。

【要求】

① 应用程序窗体如图 4-6 所示。

② 程序运行时，单击"计算"按钮，将所有符合条件的水仙花数根据指定的格式添加到列表框中；单击"退出"按钮，结束程序的运行。

【分析】 根据水仙花数的特性，将所有 3 位数使用循环逐一进行各位数的分解，如果各位数的立方和等于该数，则添加到列表框。

【实验步骤】

1. 界面设计和属性设置

读者可参照图 4-6 自行设置。

2. 添加程序代码

```
Private Sub Command1_Click()
    Dim x As Integer, a As Integer, b As Integer, c As Integer
    For x=100 To 999
        a=x Mod 10
        b=x\10 Mod 10
        c=x\100
        If a^3+b^3+c^3=x Then
            List1.AddItem x & "=" & c & "^3+" & b & "^3+" & a & "^3"
        End If
    Next x
End Sub

Private Sub Command2_Click()
    End
End Sub
```

图 4-6　水仙花数

3. 运行程序并保存文件

运行程序，观察运行结果，并保存窗体文件和工程文件。

实验 4-7　循环结构（Do...Loop 语句）

【题目】 通过公式 $\frac{\pi}{4}=1-\frac{1}{3}+\frac{1}{5}-\frac{1}{7}+...$ 计算 π 的值，要求最后一项的绝对值不小于 0.000 1。

【分析】 这是一个典型的计算多项式和的问题，而且事先无法预知需累加的次数，即循环次数，因此采用 While...Wend 或者 Do...Loop 循环。从多项式可以看出规律，第 n 项为：$(-1)^{n+1} \cdot \frac{1}{2n-1}$，依次累加（$n=1, 2, ...$），直到当前项的绝对值<0.000 1 退出循环。

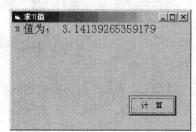

图 4-7　计算 π 值

【实验步骤】

1. 界面设计和属性设置

读者可参照图 4-7 自行设置。

2. 添加程序代码

```
Private Sub Cmd_JS_Click()
    Dim pi As Double
    Dim n As Long, t As Double
    Do
        pi=pi+t
        n=n+1
        t=(-1)^(n+1)/(2*n-1)
    Loop While Abs(t)>=0.0001
    Print "π值为: "; 4*pi
End Sub
```

3. 运行程序并保存文件

运行程序，观察运行结果，并保存窗体文件和工程文件。

4. 实验思考

【思考1】上面程序中的循环是一个当型循环，如何把它变成直到型循环？

【思考2】如果 Loop 后面不给出循环条件，则如何修改程序？请在空白处填写相应语句。

```
Do
    pi=pi+t
    n=n+1
    t=(-1)^(n+1)/(2*n-1)

    _____

Loop
```

实验 4-8　循环结构（While 语句）

【题目】将一个十进制正整数转换成给定的其他进制数。例如：给定 10，转换成二进制数为 1010。

【要求】

① 应用程序界面如图 4-8 所示。

② 程序运行时，单击"转换"按钮，则把第一个文本框的数值转换成第二个文本框所要求的进制数，并输出到第三个文本框中；单击"退出"按钮，则程序运行结束。

【分析】进制转换的规律是将原来的数值 n 除以需要转换成的进制 m，取出余数，然后再将 n 整除 m，重复以上动作直到 $n=0$ 为止，逆向输出所有的余数，这个逆向排列的余数串便是需要转换的结果。

【实验步骤】

1. 界面设计和属性设置

读者可参照图 4-8 自行设置。

2. 添加程序代码

```
Private Sub cmd_convert_Click()
    Dim n As Integer, m As Integer
```

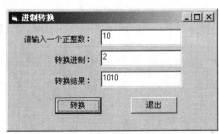

图 4-8　进制转换

```
        Dim str1 As String
        n=Val(Me.Text1.Text)
        m=Val(Me.Text2.Text)
        While n>0
            str1=CStr(n Mod m) & str1
            n=n\m
        Wend
        Me.Text3.Text=str1
    End Sub

    Private Sub cmd_exit_Click()
        End
    End Sub
```

3. 运行程序并保存文件

运行程序，观察运行结果，并保存窗体文件和工程文件。

实验 4-9   嵌套循环结构

【题目】找出 1 000 以内的所有完数。所谓完数，是指一个正整数正好等于它的所有因子之和。例如：6 的因子有 1、2、3，而 6=1+2+3，则 6 为"完数"。

【要求】

① 应用程序界面如图 4-9 所示。

② 程序运行时，单击"统计"按钮，则把 1 000 以内的所有完数以形如 6=1+2+3 输出到文本框中；单击"结束"按钮，则程序运行结束。

【分析】本题需要使用两个循环，外循环控制需要判断的数，范围为 $i=2$ To 1 000，子循环用以计算 i 的因子，范围为 $j=1$ To $i/2$，并统计所有因子的和。当内循环结束时，判断所有因子之和是否等于 i，如果相等则表示 i 是完数，否则不是完数。

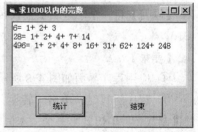

图 4-9   求 1000 以内的完数

【实验步骤】

1. 界面设计和属性设置

读者可参照图 4-9 自行设置。因为输出内容需要多行显示，所以必须设置文本框的 MultiLine 为 True。

2. 添加程序代码

```
Private Sub Cmd1_Click()
    Dim i As Integer, j As Integer
    Dim sum As Integer, str_temp As String
    Text1.Text=""
    For i=2 To 1000
        sum=0
        str_temp=""
        For j=1 To i/2
            If i Mod j=0 Then
                sum=sum+j
```

```
              str_temp=str_temp & str(j) & "+"
            End If
          Next j
          If sum=i Then
              Text1.Text=Text1.Text & i & "=" & _
              Mid(str_temp, 1, Len(str_temp)-1) & vbCrLf  'vbCrLf 控制换行
          End If
      Next i
  End Sub
```

3. 运行程序并保存文件

运行程序，观察运行结果，并保存窗体文件和工程文件。

实验 4-10　综合练习（一）

【题目】城市选择。在"待选城市"的列表框中有若干个城市名称，程序运行时，选中其中的若干列表项，单击"选中"按钮，则选中的列表项移动到另一个列表框中，并在文本框中显示这些选中的城市。

【要求】

① 应用程序界面如图 4-10 所示。

② 程序运行时，单击"选中"按钮，则把第一个列表框中选中的项目移动到第二个列表框（见图 4-10（a））；单击"显示"按钮，则在文本框中显示选中的城市（见图 4-10（b））。

【分析】使用循环依次从最后一个项目到第一个项目检验当前项目 k 是否被选中，如果被选中（即 List1.Selected(k)=True），则使用 AddItem 方法将其添加到 List2 中，并使用 RemoveItem 方法将其从 List1 中清除。文本框内容的显示，则同样使用循环依次读出项目内容，并依次连接到 Text1 的 Text 属性中。注意：文本框的默认属性是 Text 属性，因此访问 Text1 的内容属性时，可以使用 Text1 代替 Text1.Text。

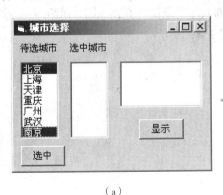
（a）

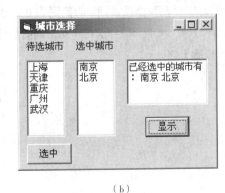
（b）

图 4-10　城市选择

【实验步骤】

1. 界面设计和属性设置

读者可参照图 4-10 自行设置。注意：第一个列表框中的项目可以同时选中多个，必须将其 MultiSelect 属性设置为 True。

2. 添加程序代码

```
Dim k As Integer                            '将变量说明为窗体级共用变量
Private Sub Command1_Click()
    For k=_____ To 0 Step-1
        If List1.Selected(k)=True Then      '判断第 k 个项目是否被选中
            List2.AddItem _____          '添加项目到 List2
            List1.RemoveItem k               '从 List1 中删除第 k 个项目
        End If
    Next k
End Sub

Private Sub Command2_Click()
    Text1="已经选中的城市有："
    For k=0 To List2.ListCount-1 Step 1
        Text1=Text1 & " " & List2.List(k)
    Next k
End Sub
```

3. 运行程序并保存文件

运行程序，观察运行结果，并保存窗体文件和工程文件。

实验 4-11　综合练习（二）

【题目】有 36 块砖，有 36 个人搬，男人搬 4 块，女人搬 3 块，两个小孩抬 1 块，一次刚好搬完，那么需要男人、女人和小孩各多少人？

【分析】本题跟"百钱买百鸡"问题相似，采用"穷举法"将可能出现的各种情况一一测试，判断是否满足条件，如果成立即为正确的求解，一般采用多重循环来实现。用三个变量 i、j、k 分别表示男人、女人和小孩，则 i 的范围为 0 To 36/4；j 的范围为 0 To 36/3。用循环一一列举 i 和 j，$k=36-i-j$，只要 $i \times 4+j \times 3+k \times 0.5=36$，同时满足 $k \geq 0$ 即可。

【实验步骤】略。

实验 5 | 数 组

实验目的

◆ 掌握数组的定义、数组的初始化以及数组元素的引用。

◆ 掌握动态数组的概念，理解 Redim 语句的含义。

◆ 学会使用一维数组、二维数组解决实际问题。

◆ 学会使用控件数组。

实验 5-1 一维数组（一）

【题目】计算一维数组的所有元素之和、平均值。随机生成 10 个两位正整数作为一维数组的元素。

【要求】

① 应用程序窗体如图 5-1 所示。

② 程序运行时，单击"生成数组"按钮，产生 10 个两位正整数并显示在文本框 1 中；单击"计算"按钮，统计数组所有元素的和以及平均值并分别显示在文本框 2 和文本框 3 中。

【分析】一维数组的操作，包括赋值和输出，一般使用 For...Next 循环实现，元素的累计求和可以使用 sum=sum+a(i)语句。另外，所有元素的平均值可能是带小数的数值，因此在定义数据类型时要定义为实型。

【实验步骤】

1. 界面设计和属性设置

读者可参照图 5-1 创建用户界面，窗体上放置 3 个 Label 控件、3 个 TextBox 控件和 2 个 CommandButton 控件。因为第一个文本框实现了多行显示而且具有垂直滚动条，所以必须设置其 MuitiLine 属性值为 True；ScrollBar 属性值为 2-Vertical。

2. 添加程序代码

```
Option Base 1
Dim a(10) As Integer
Dim i As Integer
Private Sub Command1_Click()
    Text1=""
    Randomize
```

图 5-1 一维数组

```
        For i=1 To 10                          '给数组赋值
            a(i)=Int(Rnd*(99-10+1)+10)
            Text1=Text1 & Str(a(i)) & Chr(13) & Chr(10)
        Next i
    End Sub

    Private Sub Command2_Click()
        Dim sum As Integer, avg As Single
        For i=1 To 10                          '求数组元素之和
            sum=sum+a(i)
        Next i
        avg=sum/10                             '求数组元素的平均值
        Text2=Str(sum)
        Text3=Str(avg)
    End Sub
```

3. 运行程序并保存文件

运行程序，观察运行结果，并保存窗体文件和工程文件。

实验 5-2　一维数组（二）

【题目】调整数组元素。在数组 a 中有元素 2、4、6、8、10、1、3、5、7、9，编写程序将文件后半部分的奇数分别按顺序插入到前半部分的适当位置，得到的新数列是：1、2、3、4、5、6、7、8、9、10。

【要求】

① 应用程序窗体如图 5-2 所示。

② 程序运行时，单击"生成数组"按钮，在第一个文本框中显示数组内容；单击"调整数组"按钮，将调整后的数组元素显示在第二个文本框中。

【分析】从数列可以看出，数据的调整是将从第 6 号元素开始依次调整到第 1、3、5、7、9 号位置，总共调整了 5 次，而且每调整一次需要移动中间若干元素。使用双重循环实现元素的调整，外循环控制调整的次数为 1 To 5；内循环控制每次调整需要移动的元素。设定两个指针 GetP 和 PutP 分别指向需要调整的元素位置和调整后的位置，GetP=6，PutP=1。

第一次调整需要将 GetP 号元素到 PutP-1 号元素依次向后移动一位，然后将 GetP 指向的元素放置到 PutP 指向的元素，调整后的数列是 1、2、4、6、8、10、3、5、7、9，调整后将 GetP 加 1，PutP 加 2，为下一次调整做好准备。

【实验步骤】

1. 界面设计和属性设置

读者可参照图 5-2 自行设置。

2. 添加程序代码

```
    Dim a(10) As Integer
    Dim i As Integer, j As Integer
    Private Sub Command1_Click()
        Text1=""
```

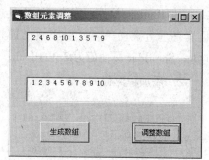

图 5-2　调整数组元素

```
    For i=1 To 10                              '给数组赋值
        If i<=5 Then
            a(i)=2*i
        Else
            a(i)=_____
        End If
        Text1=Text1 & Str(a(i))
    Next i
End Sub

Private Sub Command2_Click()
    Dim GetP As Integer, PutP As Integer
    Dim temp As Integer
    GetP=6: PutP=1
    Text2=""
    For i=1 To 5
        temp=a(GetP)
        For j=GetP To PutP+1 Step-1           '数组元素移动
            a(j)=a(j-1)
        Next j
        a(PutP)=temp                          '将待调整的数据放到指定位置
        GetP=GetP+1                           '需调整的元素指针后移
        PutP=PutP+2                           '调整后的元素位置指针后移
    Next i
    For i=1 To 10
        Text2=Text2 & Str(a(i))
    Next i
End Sub
```

3. 运行程序并保存文件

运行程序，观察运行结果，并保存窗体文件和工程文件。

实验 5-3　一维数组（三）

【题目】编写程序实现将一个一维数组的元素向左循环移位，移位次数利用 InputBox 输入。
如数组 a 各元素分别为 1、2、3、4、5、6、7、8、9、10，移位次数输入 3，则结果为：4、5、6、
7、8、9、10、1、2、3。

【分析】数组元素每左循环移位一次，实际是将除第 1 号元素外的所有数组元素依次向左平移，
先将 $a(1)$ 存放到临时变量 t 中；然后再依次将 $a(2) \to a(1)$，$a(3) \to a(2)$，$\cdots$，$a(i+1) \to a(i)$，$\cdots$，
$a(10) \to a(9)$；最后再将 t 中的值 $\to a(10)$。算法思路如下所示：

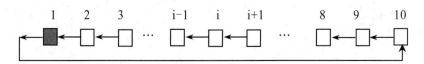

【实验步骤】略。

实验 5-4　一维动态数组

【题目】编程实现产生一维动态数组，并在数组中指定位置插入指定的数值。

【要求】

① 应用程序窗体如图 5-3 所示。

② 程序运行时，单击"计算"按钮，随机产生若干两位正整数的一维数组并输出其所有元素，数组元素的个数由用户通过键盘输入；在指定位置插入指定的某个数后输出，插入位置和插入数值均由用户通过键盘输入。

【分析】由于预先并不确定数组元素的个数，所以使用动态数组进行处理，数组元素的插入通过将待插入位置之后的元素依次向后移动一个位置来实现。图 5-3 是数组元素个数输入 10、插入位置 4 以及插入值为 23 的运行效果图。

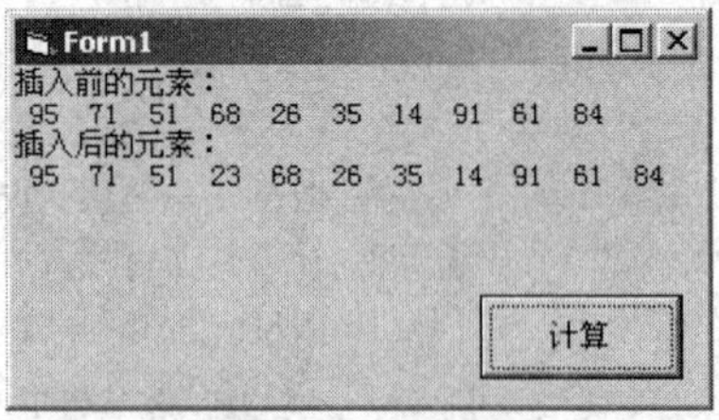

【实验步骤】

1. 界面设计和属性设置

读者可参照图 5-3 创建用户界面。

图 5-3　一维动态数组

2. 添加程序代码

```
Option Base 1
Private Sub Command1_Click()
    Dim a() As Integer, i As Integer, k As Integer, x As Integer
    n = Val(InputBox("请输入数组包含元素的个数: "))
    ReDim a(n)
    Randomize
    Print "插入前的元素: "
    For i=1 To n
        a(i)=Int(90*Rnd+10)
        Print a(i);
    Next
    k=Val(InputBox("请输入待插入元素的位置: "))
    x=Val(InputBox("请输入待插入元素的值: "))
    ReDim Preserve a(n+1)              '扩大数组大小并保留原有数据
    For i=n To k Step-1                '移动待插入位置之后的所有元素
        a(i+1)=a(i)
    Next
    a(k)=x                            '将待插入值放入数组中
    Print
    Print "插入后的元素: "
    For i=1 To n+1
        Print a(i);
    Next
End Sub
```

3. 运行程序并保存文件

运行程序，观察运行结果，并保存窗体文件和工程文件。

实验 5-5　二维动态数组

【题目】求二维数组每一行和每一列的和。数组的行和列由 InputBox()函数输入，数组的元素为 0~9 的随机整数。

【要求】

① 应用程序界面如图 5-4 所示。

② 程序运行时，单击"生成数组"按钮，从键盘分别输入数组的行数 m 和列数 n，生成 $m \times n$ 个由 0~9 之间的随机整数组成的二维数组，并输出到图片框控件中；单击"列之和"按钮，则在文本框 1 中显示所有列的和；单击"行之和"按钮，则在文本框 2 中显示所有行的和；单击"清除"，则清除图片框和文本框内容。

【分析】二维数组的操作需要使用二重循环，一般外面的循环控制行，内部的循环控制列。由于数组的行数与列数是程序运行过程中才确定的，因此需要定义动态数组，在得到行数和列数后，再用 Redim 语句重新定义数组。

【实验步骤】

1. 界面设计和属性设置

读者可参照图 5-4 自行设置。注意：右边的文本框能够多行显示，因此必须设置该文本框的 MultiLine 属性为 True。

图 5-4　二维数组

2. 添加程序代码

```
Dim m As Integer, n As Integer, sum As Integer
Dim a() As Integer
Private Sub Command1_Click()              '生成数组
    m=Val(InputBox("请输入数组的行数: "))
    n=Val(InputBox("请输入数组的列数: "))
    ReDim a(m,n)                          '重新定义数组
    For i=1 To m
        For j=1 To n
            a(i,j)=Int(Rnd*(9-0+1)+0)
            Picture1.Print a(i,j);
        Next j
        _____              '换行
    Next i
End Sub

Private Sub Command2_Click()              '求列和
    For i=1 To n
        sum=0
```

```
        For j=1 To m
            sum=sum+a(j,i)                    '此时 j 控制行号，而 i 控制列标
        Next j
        Text1.Text=Text1.Text & Str(sum)
    Next i
End Sub

Private Sub Command3_Click()                  '求行和
    For i=1 To m
    sum=0
    For j=1 To n
        sum=sum+_____              '此时 i 控制行号，而 j 控制列标
    Next j
    Text2.Text=Text2.Text & Str(sum) & vbCrLf
    Next i
End Sub

Private Sub Command4_Click()                  '清除内容
    Picture1.Cls
    Text1.Text=""
    Text2.Text=""
End Sub
```

3. 运行程序并保存文件

运行程序，观察运行结果，并保存窗体文件和工程文件。

实验 5-6　控件数组（一）

【题目】使用控件数组，编写一个能进行加、减、乘、除的简单计算器。

【要求】

① 应用程序界面如图 5-5 所示。

② 运行程序能够进行简单的算术四则运算。

【分析】计算器的工作原理：用户首先通过最左边的数字键和符号键输入第一个数值，然后单击中间的运算符号键，此时通过变量 First 和 Op 分别记录参加计算的第一个数值和进行运算的操作符号；用户继续输入第二个数值直到单击 "=" 按钮为止；最后将文本框内容存储到 Second 变量中，记为第二个操作数值，通过 Op 检验用户选择的操作符，进行相应运算，并在文本框中输出结果。

本题出现了大量功能相似的控件，所以采用控件数组实现起来方便、简洁。主要用了以下控件数组：

① Cmd1：10 个元素，分别表示【0】～【9】这 10 个数字键。

② Cmd2：2 个元素，分别表示【+/-】和【.】键。

③ Cmd3：4 个元素，分别表示【+】、【-】、【*】、【/】4 个操作键。

【实验步骤】

1．界面设计和属性设置

读者可参照图 5-5 自行设置。顶部文本框的内容靠右显示，必须设置其 Alignment 属性为 1-Right Justify。

2．添加程序代码

图 5-5　计算器

```
Dim First As Double, Second As Double
Dim Op As Integer

Private Sub cmd1_Click(Index As Integer)
    Text1.Text=Text1.Text & cmd1(Index).Caption
End Sub

Private Sub cmd2_Click(Index As Integer)     '小数点和正负数切换按钮
    If Index=0 Then
        Text1.Text=CStr(0-Val(Text1.Text))
    Else
        Text1.Text=Text1.Text & cmd2(Index).Caption
    End If
End Sub

Private Sub cmd3_Click(Index As Integer)     '运算符号按钮
    First=Val(Text1.Text)                    '取出第一个操作数
    Op=Index                                 '记载运算符的下标
    Text1.Text=""
End Sub

Private Sub Command1_Click()                 '清空按钮
    Text1.Text=""
    Text1.SetFocus
    First=0
End Sub

Private Sub Command2_Click()                 '计算按钮
    Second=Val(Text1.Text)
    Select Case Op
        Case 0
            Text1.Text=First+Second
        Case 1
            Text1.Text=First-Second
        Case 2
            Text1.Text=First*Second
        Case 3
            If Second<>0 Then
                Text1.Text=First/Second
            Else
```

```
                    Text1.Text="Error!"
                End If
        End Select
    End Sub

    Private Sub Command3_Click()                    '退出按钮
        End
    End Sub
```

3. 运行程序并保存文件

运行程序，观察运行结果，并保存窗体文件和工程文件。

实验 5-7　控件数组（二）

【题目】利用控件数组，实现教材例 4.12 的功能。

【实验步骤】略。

实验 5-8　综合练习（一）

【题目】统计给定文本中各字母（不区分大小写）出现的次数。

【要求】

① 应用程序界面如图 5-6 所示。

② 运行程序，在第一文本框中输入文本，单击"统计"按钮则将统计上述文本中各字母（不区分大小写）出现的次数，单击"结束"按钮，将退出程序。

【分析】依次取出给定文本中的字符，使用 Ucase() 函数将其转换成对应的大写字母。因为一个大写字母对 "A" 的位移在 0~25 之间，所以可以定义一个一维数组 a，它的下标取值范围为 0 To 25。使数组元素下标值 0~25 与字母 A~Z 一一对应，即 $a(0)$ 记录 "A" 出现的次数，$a(1)$ 记录 "B" 出现的次数，依此类推，$a(25)$ 记录 "Z" 出现的次数。将取出字符的 ASCII 值减去 "A" 的 ASCII 值得到的数值就是该字母对应的数组下标值，然后在该数组元素上加 1。

图 5-6　统计字母个数

【实验步骤】

1. 界面设计和属性设置

读者可参照图 5-6 自行设置。

2. 添加程序代码

```
    Private Sub Command1_Click()                    '统计字母个数
        Dim str1 As String, i As Integer
        Dim idx As Integer
        Dim temp As String
```

```
Dim a(0 To 25) As Integer
Text2.Text=""
str1=Text1.Text
For i=1 To Len(str1)
    temp=UCase(Mid(str1, i, 1))
    If temp>="A" And temp<="Z" Then      '判断字符是否在26个字母当中
        idx=Asc(temp)-Asc("A")
        a(idx)=a(idx)+1                   '次数累加
    End If
Next i
idx=0
For i=0 To 25
   If a(i)<>0 Then
       Text2=Text2 & Chr(i+Asc("A")) & ":" & Str(a(i)) & "    "
       idx=idx+1
       If idx Mod 5=0 Then Text2=Text2 & vbCrLf  '实现每5组换行一次
   End If
Next i
End Sub

Private Sub Command2_Click()                     '退出应用程序
    End
End Sub
```

3. 运行程序并保存文件

运行程序，观察运行结果，并保存窗体文件和工程文件。

实验 5-9　综合练习（二）

【题目】求出斐波那契数列的前 20 项，并按顺序将它们显示在列表框中。斐波那契数列的递推公式如下：

$$Fab(n) = \begin{cases} 1 & n=1 \\ 1 & n=2 \\ Fab(n-2)+Fab(n-1) & n \geqslant 3 \end{cases}$$

【分析】根据斐波那契数列的递推公式可知，第一项和第二项的值已经确定，都为 1，而从第三项开始，Fab（n）=Fab（$n-2$）+Fab（$n-1$）。使用一个具有 20 个元素的数组 Fab（20）分别存放斐波那契数列的前 20 项，Fab（1）和 Fab（2）元素值已知，通过上述递推公式使用循环分别计算出第三项到第二十项的值。

【实验步骤】略。

实验 6 过 程

实验目的

◆ 掌握函数过程及子过程的定义方法。
◆ 掌握函数过程及子程序过程的调用方法。
◆ 掌握参数值传递和地址传递的方法。
◆ 理解递归的概念和使用方法。

实验 6-1　子程序过程的定义与调用

【题目】输入任意正整数，输出该数的所有因子及因子个数。

【要求】

① 应用程序窗体如图 6-1 所示。

② 程序中定义一个用于完成求任意整数因子的子程序过程 Factor，单击"输入整数"按钮由键盘输入整数，调用此过程后在窗体上显示此整数的所有不同因子和因子个数。

【实验步骤】

1．界面设计和属性设置

读者可参照图 6-1 自行设置。

2．添加程序代码

图 6-1　因子及因子个数

```
Private Sub Command1_Click()
    Dim n As Integer
    Cls
    _____=InputBox("请输入一个整数")
    _____
End Sub

Private Sub factor(ByVal m As Integer)
    Dim s As Integer
    s=0
    For k=1 To Abs(m)/2
        If m Mod k=0 Then
            s=s+1
            _____
        End If
```

```
        Next k
        Print "因子数=";_____
    End Sub
```

3. 运行程序并保存文件

运行程序，观察运行结果，并保存窗体文件和工程文件。

实验 6-2　函数过程的定义与调用

【题目】编写一个求任意正整数 n 反序数的函数过程。通过调用该过程实现功能：查找 4 位整数 n，它的 9 倍正好等于 n 的反序数。

【要求】应用程序窗体如图 6-2 所示。

【分析】根据题目要求，可以定义一个拥有返回值（n 的反序数）的函数过程。用之与 4 位整数 n 的 9 倍进行比较，若相等，则在文本框中输出原数及反序数。

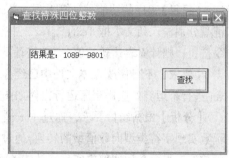

图 6-2　查找四位整数

【实验步骤】

1. 界面设计和属性设置

读者可参照图 6-2 自行设置。

注意：应将 TextBox 的 Multiline 属性设置为 True。

2. 添加程序代码

（1）过程的定义

```
Private Function Fx(ByVal n As Integer) As Integer
    Dim i As Integer, sa As String
    Dim k As Integer
    Do
        k=n Mod 10
        sa=sa & k
        n=n\10
    Loop While n>0
    Fx=sa
End Function
```

（2）过程的调用

```
Private Sub Command1_Click()
    Dim n As Integer, k As Integer
    Dim st As String
    Text1="结果是: "
    For n=1000 To 1111
        k=9*n
        If Fx(n)=k Then
            st=n & "--" & k
            Text1=Text1 & st & vbCrLf
        End If
```

```
        Next n
    End Sub
```

3．运行程序并保存文件

运行程序，观察运行结果，并保存窗体文件和工程文件。

4．实验思考

若将函数过程 Private Function Fx(ByVal n As Integer) As Integer 中的 n 传递方式改为传址方式，结果是什么？分析产生此结果的原因。

实验 6-3　参数的传递（一）

【题目】程序的功能是计算下列表达式的值：$z=(x+2)^2+(x+3)^3+...+(x+n)^n$，其中的 n 和 x 的值通过键盘分别输入到文本框 Text1、Text2 中。之后如果单击标题为"计算"、名称为 Command1 的命令按钮，则计算表达式的值 z，并将计算结果显示在名称为 Label1 的标签中。

【要求】不得修改窗体文件中已经存在的程序。程序中不得使用"^"运算符，而应使用函数 xn() 进行幂运算。应用程序运行窗体如图 6-3 所示。

【分析】根据题目要求，通过 For 循环语句实现 xn() 的乘幂运算；Click 事件过程中通过 Val() 函数实现字符类型向数值型的转换，通过循环语句及调用 xn() 函数，获得函数返回值，实现表达式的运算结果。

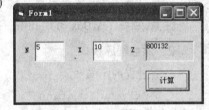

图 6-3　程序运行界面

【实验步骤】

1．界面设计和属性设置

读者可参照图 6-3 自行设置。在设置时注意将 Label1 的 BorderStyle 属性置为 1。

2．添加程序代码

```
Private Function xn(a As Single, m As Integer)
    Dim i As Integer
    tmp=1
    For i=1 To m
        tmp = _____
    Next
    xn = _____
End Function
Private Sub Command1_Click()
    Dim n As Integer
    Dim i As Integer
    Dim t As Single
    Dim s, x As Single
    n=Val(Text1.Text)
    x=Val(Text2.Text)
    z=0
    For i=2 To n
        t=x+i
```

```
            z=z + _____
        Next
        Label1.Caption=_____
    End Sub
```

3．运行程序并保存文件

运行程序，观察运行结果，并保存窗体文件和工程文件。

实验 6-4　参数的传递（二）

【题目】随机生成 20 个两位正整数作为数组 a 的元素，设计程序通过单击"显示数据"按钮将各元素显示在文本框 1 中，单击"变换"按钮，则数组 a 中元素的位置自动对调（即第一个数组元素与最后一个数组元素对调，第二个元素与倒数第二个元素对调……），并将位置对调后的数组显示在文本框 Text2 中。

【要求】

① 应用程序窗体如图 6-4 所示。

② 程序中定义一个用于完成数组元素对调的子程序过程 Exchange，单击"变换"按钮调用此过程完成元素对调。

【分析】本题可以采用循环生成数组 a 各元素，每获得一个元素后将其显示在文本框 Text1 中，最终使得文本框 1 中显示数组 a 各元素连接成的字符串。

【实验步骤】

1．界面设计和属性设置

读者可参照图 6-4 自行设置。

2．添加程序代码

图 6-4　元素的对调

```
Dim a(20) As Integer
Private Sub Command1_Click()
    Dim k As Integer
    For k=1 To 20
        a(k)=Int(90*Rnd+10)
        Text1=Text1 & a(k) & Space(2)
    Next
End Sub


Private Sub Command2_Click()
    _____        '调用子程序过程 Exchange
    '以下程序段将已变换的数组元素显示在 Text2 文本框中
    For k=1 To 20
        Text2=Text2 & a(k) & Space(2)
    Next k
End Sub
```

```
Public Sub _____          '定义子程序过程 Exchange
    Dim k As Integer, t As Integer
    _____          '填入一段代码


End Sub
```

3. 运行程序并保存文件

运行程序，观察运行结果，并保存窗体文件和工程文件。

实验 6-5　参数的传递（三）

【题目】找出这样的数列，数列的首元素是一个 3 位数，其后每一项都是前一项每位十进制数字的积，最后一项是一个一位数，且数列的长度大于等于 4。

【要求】

① 编写一个生成数列各项（除首项外）的通用过程。

② 调用以上过程实现功能：按"生成数列"按钮，则数列项值显示在文本框中。

③ 程序运行界面如图 6-5 所示。

【实验步骤】

1. 界面设计和属性设置

读者可参照图 6-5 自行设置。

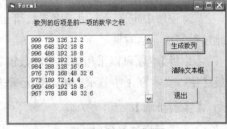

图 6-5　数列的生成

2. 添加程序代码

（1）过程的定义

```
Private Sub Sequence(a() As Integer, ByVal begin As Integer)
    Dim k As Integer, Js As Integer
     Do While begin>10
        Js=1
        Do While begin>0
            Js=Js*(begin Mod 10)
            begin=begin\10
        Loop
        k=k+1
        ReDim Preserve a(k)
        a(k)=Js
        begin=Js
    Loop
    End Sub
```

（2）过程的调用

```
Option Base 1
Private Sub Command1_Click()
    Dim i As Integer, j As Integer
```

```
        Dim sequ() As Integer
        For i=999 To 101 Step-1
            Call Sequence(sequ,i)
            If UBound(sequ)>=4 Then
                Text1=Text1&Str(i)
                For j=1 To UBound(sequ)
                    Text1=Text1 & Str(sequ(j))
                Next j
                Text1=Text1 & Chr(13) & Chr(10)
            End If
        Next i
    End Sub
```

3．运行程序并保存文件

运行程序，观察运行结果，并保存窗体文件和工程文件。

实验 6-6　递归的使用

【题目】求下面数列的和，计算到第 n 项的值小于等于 $1e^{-4}$ 为止。

$$Y=1+\frac{1}{2}+\frac{1}{3}+\frac{1}{5}+\frac{1}{8}+...+\frac{1}{f_{n-1}+f_{n-2}}+...$$

式中：$f_1=1$，$f_2=1$，$f_n=f_{n-1}+f_{n-2}$，$n \geqslant 3$（本程序的运行结果是：$Y=2.359\,646$）。

【要求】

① 编写一个递归函数过程，求 Y 各项的分母。

② 调用以上过程求 Y 值，结果显示在当前窗体上。

【实验步骤】

1．界面设计和属性设置

（略）

2．添加程序代码

（1）过程的定义

```
    Private Function Fib(i As Integer) As Integer
        If  i=1  Then
            Fib=1
        ElseIf  i=2  Then
            Fib=2
        Else
            Fib=Fib(i-1)+Fib(i-2)
        End If
    End Function
```

（2）过程的调用

```
    Private Sub Form_Click()
        Dim a() As Single, i As Integer
```

```
Dim Y As Single
i=1
Do
    ReDim Preserve a(i)
    a(i)=1/Fib(i)
    If a(i)<=1e-4 Then Exit Do
    Y=Y+a(i)
    i=i+1
Loop
Print "Y="; Y
For i=1 To UBound(a)
    Print a(i)
Next i
End Sub
```

3．运行程序并保存文件

（略）

实验 6-7　综合练习（一）

【题目】找间隔最大的素数对。

【要求】

① 编写一个判断素数的公有（由 Public 定义）过程，放在标准模块中。

② 调用素数过程，在窗体 1 中实现以下功能：

在 100 以内的素数中，找出两两之间包含的合数（除 1 和本身外还可被其他数整除的数）最多（或间隔最大）的素数对。程序执行界面如图 6-6 所示。

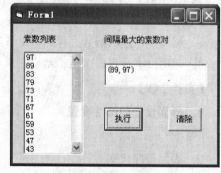

图 6-6　间隔最大的素数对

【实验步骤】

1．界面设计和属性设置

根据图 6-6 自行设置。

2．添加程序代码

（1）过程的定义

在标准模块中定义判断某数是否为素数的过程。

```
Public Function prime(n As Integer) As Boolean
    Dim j As Integer
    prime=False
    For j=2 To Sqr(n)
        If n Mod j=0 Then Exit Function
    Next j
    prime=True
End Function
```

（2）窗体 1 的部分代码

```
Private Sub Command1_Click()
    Dim k As Integer, i As Integer, sn() As Integer
```

```
    Dim n As Integer, Maxv As Integer
    k=1
    For i=100 To 2 Step-1
        If prime(i) Then
            ReDim Preserve sn(k)
            sn(k)=i
            List1.AddItem i
            _____
        End If
    Next i
    n=1: Maxv=sn(1)-sn(2)
    For i=2 To k-2
        If sn(i)-sn(i+1)>Maxv Then
            _____
            n=i
        End If
        Text1="(" & CStr(sn(n+1)) & "," & CStr(sn(n)) & ")"
    Next i
End Sub
Private Sub Command2_Click()
    List1.Clear
    Text1=""
End Sub
```

3. 运行程序并保存文件

（略）

实验 6-8　综合练习（二）

【题目】从键盘读取数组 a 和 b 的元素（各 5 个），a、b 都是严格递增的（即元素从小到大排列且无重复元素）。将 a、b 合并成数组 c，使得 c 也严格递增。

【要求】

① 程序运行界面如图 6-7 所示。

② 若 a、b 中有相同的元素则只保留一个，最后输出数组 c。

③ 编写通用过程 Output，在窗体上打印数组元素。

【分析】a、b 两个数组是严格递增的数组，要实现数组严格递增的合并，可以定义 3 个整数 i、j、k 分别表示数组下标，它们的初值均为 1。在合并过程中可能出现以下 3 种情况：

① $a(i)>b(j)$，则 $c(k)=b(j)$，$k=k+1,j=j+1$

② $a(i)<b(j)$，则 $c(k)=a(i)$，$k=k+1,i=i+1$

③ $a(i)=b(j)$，则 $c(k)=a(i)$ 或 $c(k)=b(j)$，$k=k+1$，$i=i+1$，$j=j+1$

若其中有一个数组全部合并到数组 c 中，即 $i=6$ 或 $j=6$，则结束比较，将另一数组剩下的所有元素依次复制到数组 c 中。由于 a 与 b 数组中可能出现相同的数，则数组 c 元素个数不确定，可以采取动态定义的方式。

【实验步骤】

1. 界面设计和属性设置

读者可参照图 6-7 自行设置。

2. 添加程序代码

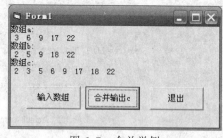

图 6-7　合并举例

```
Private Sub CmdExit_Click()
    End
End Sub


Private Sub CmdInput_Click()
    Dim i As Integer '
    For i=1 To 5
        a(i)=InputBox("输入数组 a 各元素值")
    Next
    Print "数组 a:"
    Call output(a)
    For i=1 To 5
        b(i)=InputBox("输入数组 b 各元素值")
    Next
    Print "数组 b:"
    Call output(b)
End Sub


Private Sub output(d() As Integer)
    _____            '填写一段程序代码
End Sub


Private Sub CmdOutputc_Click()
    Dim i As Integer, j As Integer, k As Integer
    Dim r As Integer
    i=1
    j=1
    k=1
    Do While i<=UBound(a) And j<=UBound(b)
        ReDim Preserve c(k)
        If a(i)>b(j) Then
            c(k)=b(j)
            j=j+1
        ElseIf a(i)<b(j) Then
            c(k)=a(i)
            i=i+1
        Else
            c(k)=a(i)
            i=i+1
            j=j+1
        End If
```

```
         k=k+1
      Loop
      _____                    '填入一段程序代码
      Print "数组c:"
      Call output(c)
   End Sub
```

3. 运行程序并保存文件

（略）

实验 6-9　综合练习（三）

【题目】本程序的功能是：随机生成一个包含 10 个元素的数组，找出其中的最大元素并将其删除，再输出删除后的数组。程序界面如图 6-8 所示，请找出已提供的代码中的错误并改正。

【实验步骤】

1. 界面设计和属性设置

读者可参照图 6-8 自行设置。

【分析】对于随机产生的数组元素，如图 6-9 所示，假设需要删除的元素的下标为 k，则需要进行内存中存储空间中元素值的覆盖来实现。

图 6-8　程序运行界面

71	54	58	29	31	78	2	77	82	71

k

图 6-9　删除算法的实现

2. 程序提供的代码

```
Option Base 1
Dim a() As Integer
Private Sub Command1_Click()
   Dim i As Integer
   ReDim a(10)
   For i=1 To 10
      a(i)=Int(Rnd * 100) + 1
      Text1=Text1 & Str(a(i))
   Next i
   Call look(a)
   For i=1 To 10
      Text2=Text2 & Str(a(i))
   Next i
End Sub
Private Sub movef(a() As Integer, k As Integer)
```

```
        Dim i As Integer
        For i=k+1 To UBound(a)
            a(i)=a(i+1)
        Next i
        ReDim a(UBound(a)-1)
    End Sub
    Private Sub look(a() As Integer)
        Dim Max As Integer, col As Integer, i As Integer
        Max=a(1): col=1
        For i=2 To 10
            If (a(i)>Max) Then
                Max=a(i)
                col=i
            End If
        Next i
        Call movef(a, col)
    End Sub
```

3．运行程序改正错误并保存文件

①错误提示为下标越界，显示出错行为 a(i) = a(i + 1)，即当 i 为 10 时将 a(11)赋给 a(10)，显然元素 a(11)不存在。可以将 a(i) = a(i + 1)改为 a(i-1)=a(i)。

②错误提示为下标越界，显示出错行为 Text2 = Text2 & Str(a(i))，调用完 look 和 movef 过程后显然数组 a 的元素个数发生了变化，减少了一个，因为应该将循环变量 i 的终值改为 9。

③运行结果 Text2 中显示数组元素全部变为 0，分析原因：在各个程序段中可能更改数组元素内容的语句为 ReDim a(UBound(a) - 1)，显然数组元素个数减少了 1，同时这条语句使得原数组的元素全部被置为 integer 类型的默认值 0，因此应该更改为 ReDim Preserve a(UBound(a) - 1)。

实验 6-10　综合练习（四）

【题目】编制一个计算电话费的应用程序。收费标准为：通话时间在 3 分钟以内，收费为 0.5 元，3 分钟以上时，每超过 1 分钟加收 0.15 元，不足 1 分钟按 1 分钟计算。

【要求】

① 文本框与标签均使用控件数组。程序运行界面如图 6-10 所示。

② 开始时间与结束时间均为系统当前时间。

③ 编写计算电话费的函数过程，通过调用它完成电话费的计算与显示。

【分析】通话开始时间与结束时间可通过 Hour()、Minute()、Second()分别取出时、分、秒，并全部化成秒进行计算。

【实验步骤】

1．界面设计和属性设置

读者可参照图 6-10 自行设置。

图 6-10　计算电话费

2．添加程序代码

```
Private Sub Cmd1_Click()
    Text1(0).Text=Str(Time())            '通话开始时间显示在文本框中
    Text1(1).Text="": Text1(2).Text= ""
    Cmd1.Enabled=False
    Cmd2.Enabled=True
End Sub

Private Sub Cmd2_Click()
    Dim t As Integer
    Text1(1).Text=Str(Time())            '通话终止时间显示在文本框中
    t_start=Hour(Text1(0).Text)*3600+Minute(Text1(0).Text)*60+Second
(Text1 (0).Text)
    t_end=Hour(Text1(1).Text)*3600+Minute(Text1(1).Text)*60+Second
(Text1(1).Text)
    t=t_end-t_start                       '计算时间差，单位为秒
    Text1(2).Text=_____ & "元"
    Cmd1.Enabled=True
    Cmd2.Enabled=False
End Sub

Private Function Price(t As Integer) As Single
    m=t\60
    If m<t/60 Then m=m+1
    s=0.5
    If m-3>0 Then
        s=_____
    End If
    _____
End Function
```

3．运行程序并保存文件

（略）

实验 7 ┃ 文 件

实验目的

◆ 掌握文件的结构与分类。

◆ 掌握文件的基本操作。

◆ 掌握文件系统控件：驱动器列表框、目录列表框和文件列表框的应用。

实验 7-1 文件的读/写操作

【题目】已知数据文件 prog1.dat 存放着一些字符。单击"开始"按钮后，能从 D:\ex7\prog1.dat 中读出数据并分别统计出其中数字、大写字母、小写字母和其他类型字符的个数。

【要求】

① 应用程序窗体如图 7-1 所示。

② 将结果写入当前文件夹的 D:\ex7\prog2.dat 文件中（以标准格式在一行中输出）。

③ 执行完毕，"开始"按钮变成"完成"按钮，且无效（变灰）。

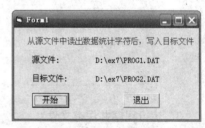

图 7-1 文件的读/写

【实验步骤】

1. 界面设计和属性设置

读者可参照图 7-1 自行设置。

2. 添加程序代码

```
Private Sub ComStart_Click()
    Dim Number As Integer, Cp As Integer, Lp As Integer, Others As Integer
    Dim Ch As String
    myfile1="D:\ex7\prog1.dat"
    myfile2="D:\ex7\prog2.dat"
    Open myfile1 For Input As #1
    Open myfile2 For Output As #2
    Do While Not EOF(1)
        Input #1, Ch$
        If Asc(Ch$)>=48 And Asc(Ch$)<=57 Then
            Number=Number + 1
        ElseIf Asc(Ch$)>=65 And Asc(Ch$)<=90 Then
```

```
            Cp=Cp+1
        ElseIf Asc(Ch$)>=97 And Asc(Ch$)<=122 Then
            Lp=Lp+1
        Else
            Others=Others+1
        End If
    Loop
    Print #2, Number, Cp, Lp, Others
    Close
    ComStart.Caption="完成"
    ComStart.Enabled=False
End Sub
Private Sub ComExit_Click()
    End
End Sub
```

3. 运行程序并保存文件

运行程序，查看数据文件 prog1.dat 及 prog2.dat 内容，并保存窗体文件和工程文件。

实验 7-2　数组与记录

【题目】已知数据文件 worker.txt 存放工人的编号、姓名、性别和体重。请从 D:\ex7\worker.txt 中找到体重大于平均体重的数据。

【要求】

① 应用程序窗体如图 7-2 所示。

② 读出数据并把体重大于平均体重的工人的所有数据写入 D:\ex7\worker1.txt 文件中。

【实验步骤】

1. 界面设计和属性设置

读者可参照图 7-2 自行设置。

图 7-2　数组与记录

2. 添加程序代码

```
Private Sub ComStart_Click()
    Dim i As Integer
    Dim total As Integer
    Dim aver As Single
    Dim num(10), namstring(10), sexstring(10), wages(10)
    MyFile1="D:\ex7\worker.txt"
    MyFile2="D:\ex7\worker1.txt"
    Open MyFile1 For Input As #1
    Open MyFile2 For Output As #2
    For i=1 To 10
        Input #1, num(i), namstring(i), sexstring(i), wages(i)
        total=total+wages(i)
```

```
       Next i
       aver=total/10
       For i=1 To 10
           If wages(i)> aver Then Write #2, num(i), namstring(i), sexstring(i),
   wages(i)
       Next i
       ComStart.Caption="完成"
       ComStart.Enabled=False
   End Sub
   Private Sub ComExit_Click()
       End
   End Sub
```

3. 运行程序并保存文件

（略）

实验 7-3　图片浏览器

【题目】建立一个图片浏览器，窗体上放置驱动器列表框、目录列表框、文件列表框、标签、图像框等控件。

【要求】

① 应用程序窗体如图 7-3 所示。

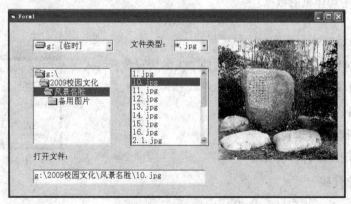

图 7-3　图片浏览器

② 当用在文件列表框选择一个图形文件后，标签内显示所选择文件路径，图像框内显示该文件的图形。

【实验步骤】

1. 界面设计和属性设置

在窗体上放置 1 个驱动器列表框 Drive1、1 个目录列表框 Dir1、1 个文件列表框 File1、1 个组合框 Combl1、1 个标签 Label1、1 个文本框 Text1 和 1 个图像框 Image1。

图像框 Image1 的 Stretch 属性设为 True；组合框 Combo1 的 List 属性添加*.*、*.bmp、*.jpg、*.gif 等选项。

2．添加程序代码

```
Private Sub Combo1_Click()
    File1.Pattern=Combo1.Text
End Sub
Private Sub Dir1_Change()
    File1.Path=Dir1.Path
End Sub
Private Sub Drive1_Change()
    Dir1.Path=Drive1.Drive
End Sub
Private Sub File1_Click()
    If Right(Dir1.Path, 1)="\" Then
        Text1.Text=Dir1.Path & File1.FileName
    Else
        Text1.Text=Dir1.Path & "\" & File1.FileName
    End If
    Image1.Picture=LoadPicture(Text1.Text)
End Sub
```

3．运行程序并保存文件

（略）

实验 7-4　综合练习（一）

【题目】已知文件 in4.dat 中存有按升序方式排列的 60 个数，"读数据"按钮可以将文件中的数据读入数组 a，并显示在文本框中；"输入"按钮可接收用户输入的任意一个整数；"插入"按钮完成将用户输入的数插入到数组 a 中，使其仍能保持 a 数组从小到大排列，最后将 a 数组的内容重新在 Text1 中显示。本程序只考虑插入一个整数的情况。

【要求】

① 应用程序窗体如图 7-4 所示。

② 插入元素后 a 数组的元素显示在文本框中。

③ 分析：首先要找到待插入位置，假设数组中有 10 个元素，待插入的数为 14，结合下图进行思考。

图 7-4　文件中数据的处理

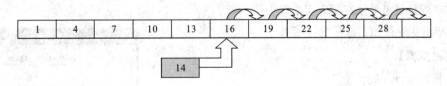

【实验步骤】

1．界面设计和属性设置

读者可参照图 7-4 自行设置。

2．添加程序代码

```
Dim a(100) As Integer, num As Integer
```

```
        Private Sub Command1_Click()
            Dim k As Integer
            Open App.Path & "\in4.dat" For Input As #1
            For k=1 To 60
                Input #1, a(k)
                Text1=Text1 + Str(a(k)) + Space(2)
            Next k
            Close #1
        End Sub
        Private Sub Command2_Click()
            num=InputBox("请输入一个数")
        End Sub
        Private Sub Command3_Click()
            For i=1 To 60
                If num<a(i) Then _____
            Next i
            For j=60 To i _____
                a(j+1)=_____
            Next j
            _____ = num
            Text1=""
            '以下程序段将插入后的数组 A 重新显示在 Text1 中
            For k=1 To _____
                Text1=Text1 + Str(a(k)) + Space(2)
            Next k
        End Sub
```

3. 运行程序并保存文件

（略）

实验 7-5　综合练习（二）

【题目】从数据文件中读取学生成绩，统计总人数、平均分（四舍五入取整）、及格人数和不及格人数。

【要求】

① 应用程序窗体如图 7-5 所示。

② 将统计结果显示在相应文本框中。

③ 单击保存按钮，保存统计结果。

【实验步骤】

1. 界面设计和属性设置

读者可参照图 7-5 自行设置。

图 7-5　数据的统计

2. 添加程序代码

```
        Private arr(100) As Integer,n as Integer     '窗体的通用声明处定义数组及变量
        Private Sub Form_Load()
            Open App.Path & "\in5.txt" For Input As #1
```

```
        n=0
        Do While Not EOF(1)
            Input #1, x
            n=n+1
            arr(n)=x
        Loop
        Close #1
End Sub


Private Sub Command1_Click()
    _____            '编写一段程序

End Sub

Private Sub Command2_Click()
    Open App.Path & "\out5.txt" For Output As #1
    Print #1, Text1.Text
    Print #1, Text2.Text
    Print #1, Text3.Text
    Print #1, Text4.Text
    Close #1
    MsgBox "保存成功！"
End Sub
```

3．运行程序并保存文件

运行程序，查看数据文件 in5.txt 及 out5.txt 中的内容，并保存窗体文件和工程文件。

实验 7-6　综合练习（三）

【题目】读入 in6.dat 文件中的内容（该文件仅含有字母和空格），显示在文本框 Text1 中；统计文本框 1 中被选中的文本中从未出现过的字母（统计过程中不区分大小写）。

【要求】

① 应用程序窗体如图 7-6 所示。

② 将从未出现过的字母以大写形式显示在文本框 Text2 中。

【分析】根据题目要求，若用户未选择文本，应给出相应的提示。可以使用数组元素表示 26 个英文字母是否出现。依次取得选中文本中每个字符，当某一字符出现时，则将相应数组元素置为 1。最后找出 26 个数组元素中值为 0 的所对应字母即为从未出现过的字母。

图 7-6　字母的统计

【实验步骤】

1．界面设计和属性设置

读者可参照图 7-6 自行设置。

2. 添加程序代码

```
Option Base 1
Dim x As String, max_n As Integer
Private Sub Command1_Click()
    Open App.Path & "\in4.dat" For Input As #1
    s=Input(LOF(1), #1)
    Close #1
    Text1.Text=s
End Sub

Private Sub Command2_Click()
    Dim a(26) As Integer
    sl=Text1.SelLength
    st=Text1.SelText
    Text2.Text=""
    If _____ Then
        MsgBox "请先选择文本！"
    Else
        For i=1 To _____
            c=Mid(st,i,1)
            If c<>" " Then
                n=Asc(UCase(c))-Asc("A")+1
                a(n)=_____
            End If
        Next
        For i=1 To _____
            If a(i)=0 Then
                Text2.Text=Text2.Text+" "+Chr(Asc("A")+i-1)
            End If
        Next
    End If
End Sub
```

3. 运行程序并保存文件

运行程序，并保存窗体文件和工程文件。

实验 7-7 综合练习（四）

【题目】已知文件 in7.txt，设计程序，单击"打开文件"则弹出"打开文件"对话框，默认打开文件类型为"文本文件"，文件中内容显示在文本框 Text1 中；"转换"按钮将文本框中所有小写英文字母转换为大写；"存盘"按钮将文本框中内容保存至 Out7.dat 中。

【要求】应用程序窗体如图 7-7 所示。

图 7-7 文件内容转换

【实验步骤】

1. 界面设计和属性设置

窗体上需放置通用对话框。关于通用对话框的添加方法及属性设置方法参见第 8 章。

2. 添加程序代码

```
Private Sub C1_Click()
    Dim a As String
    CD1.Filter="所有文件|*.*|文本文件|*.txt|Word文件|*.doc"
                                    '设置供选择文件类型
    CD1.FilterIndex=2               '设置默认文件类型
    CD1.Action=1                    '设置被显示的对话框为"打开文件"
    Open CD1.FileName For Input As #1
    Input #1, a
    Close #1
    Text1.Text=_____
End Sub


Private Sub C2_Click()
    _____
End Sub


Private Sub C3_Click()
    CD1.FileName="out5.dat"
    CD1.Action=2                    '设置被显示的对话框为"保存文件"
    Open CD1.FileName For Output As #1
    Print #1, Text1.Text
    Close #1
End Sub
```

实验 8 ‖ 高级事件与对象

实验目的

◆ 掌握键盘事件 KeyPress、KeyDown 和 KeyUp 的基本用法。

◆ 掌握鼠标事件 MouseMove、MouseDown 和 MouseUp 的基本用法。

◆ 熟悉拖放事件。

◆ 掌握通用对话框对象、剪贴板对象的基本用法。

实验 8-1 键盘事件（一）

【题目】将输入到文本框 Text1 的文本转换为大写，并将输入的原始字符显示在 Text2 中。

【分析】将按键的 ASCII 值转换为字符后，将该字符转换为大写并重置 Text1 的字符，同时将输入的原始字符复制到 Text2 中。

【实验步骤】

1. 界面设计

在窗体上放置两个标签控件、两个文本框控件，具体布局如图 8-1 所示。

2. 属性设置

对象的属性设置如表 8-1 所示。

图 8-1 窗体布局

表 8-1

对　　象	属 性 设 置	设 置 值
文本框 1、文本框 2	Text	空
	Multiline	True
标签 1	Caption	大写字符
标签 2	Caption	原始字符
窗体 1	Caption	KeyPress 事件

3. 添加程序代码

```
Option Explicit
Dim Strl As String
Private Sub Text1_KeyPress(KeyAscii As Integer)
    Strl=Chr(KeyAscii)
```

```
        KeyAscii=Asc(UCase(Strl))
        Text2.Text=Text2.Text & Strl
    End Sub
```

4. 保存文件

将程序运行通过后，最后保存文件。

实验 8-2 键盘事件（二）

【题目】在窗体上用 Image 控件显示一幅图形，用键盘上的【←】、【↑】、【→】、【↓】方向键移动该图形。

【分析】键盘上的方向键【←】、【↑】、【→】、【↓】的 KeyCode 值分别为 37、38、39、40，也可以分别用 vbKeyLeft、vbKeyUp、vbKeyRight、vbKeyDown 符号常量来代替。在窗体的 KeyDown 事件过程中根据所返回的 KeyCode 值实现对图形的移动。

图 8-2 窗体布局

【实验步骤】

1. 窗体设计

在窗体上放置一图像控件，窗体设计如图 8-2 所示。

2. 属性设置

对象的属性设置如表 8-2 所示。

表 8-2

对 象	属 性 设 置	设 置 值
图像控件	Picture	熊猫.bmp
窗体 1	Caption	KeyDown

3. 添加程序代码

```
    Private Sub Form_KeyDown(KeyCode As Integer, Shift As Integer)
        Select Case KeyCode
            Case vbKeyUp
                Image1.Top=Image1.Top-100
            Case vbKeyDown
                Image1.Top=Image1.Top+100
            Case vbKeyLeft
                Image1.Left=Image1.Left-100
            Case vbKeyRight
                Image1.Left=Image1.Left+100
        End Select
    End Sub
```

4. 保存文件

将程序运行通过后，最后保存文件。

实验 8-3 鼠标事件

【题目】编制一个简单画图程序：鼠标指针设置为手形，当在窗体上移动时，按住鼠标左键开始画图（Form_MouseDown 处理），移动鼠标画图（Form_MouseMove 处理），松开鼠标左键结束画图（Form_MouseUp 处理）。

【要求】鼠标指针形状为手形，各鼠标事件能正常响应，从而实现画图。

【分析】定义一逻辑变量 PaintNow 来标识画图状态：True 表示可以画图，False 表示画图结束。

【实验步骤】

1. 窗体界面

界面设计如图 8-3 所示。

2. 属性设置

对象的属性设置如表 8-3 所示。

图 8-3　设计界面

表　8-3

对　　象	属 性 名 称	设 　置　 值
Form1	Caption	鼠标事件演示
	MousePointer	99
	MouseIcon	POINT03.ico

3. 添加程序代码

```
Dim PaintNow As Boolean                        '声明变量
Private Sub Form_DblClick()
    Unload Me
End Sub
Private Sub Form_Load()
    PaintNow=False                             '开始绘画标志置初值
    Form1.DrawWidth=4                          '画笔宽度置初值
    Form1.ForeColor=RGB(255,0,0)               '画笔颜色初值
End Sub
Private Sub Form_MouseDown(Button As Integer, _
Shift As Integer, X As Single, Y As Single)
    PaintNow=True                              '启动绘图
    PSet(X,Y)                                  '画一个点
End Sub
Private Sub Form_MouseMove(Button As Integer, _
Shift As Integer, X As Single, Y As Single)
    If PaintNow Then
        Line -(X,Y)                            '画一条直线
    End If
```

```
End Sub
Private Sub Form_MouseUp(Button As Integer, _
Shift As Integer, X As Single, Y As Single)
    PaintNow=False                              '关闭绘图
End Sub
```

4．保存文件

将程序运行通过后，最后保存文件。

实验8-4 拖 放 事 件

【题目】设计一个窗体，类似于回收站。窗体运行后，把窗体上的其他对象拖到"回收站"图标上，释放鼠标左键后，显示一个对话框，确认是否把该对象放入回收站，此时单击对话框中的"是"按钮，对象从窗体上清除；单击"否"按钮，则对象回到原位。

【分析】当拖动源对象经过目标对象时，便在目标对象上产生 DragOver 事件，使用此事件来实现程序。

【实验步骤】

1．窗体界面

在窗体上放置 5 个图像框控件，分别为 5 个控件的 Picture 属性选择不同图像，Stretch 属性设为 True，前 4 个图像的 DragMode 属性设为 1-Automatic，第五个的图像为回收站图标，窗体的 Caption 设为"Drag 拖放示例"，界面设计如图 8-4 所示。

图 8-4　窗体界面

2．添加程序代码

```
Private Sub Image5_DragOver(Source As Control, X As Single, Y As Single,
State As Integer)
    If MsgBox("是否真的把该对象放入回收站？", vbYesNo, "删除提示")=vbYes Then
        Source.Visible=False
    End If
End Sub
```

3．保存文件

将程序运行通过后，最后保存文件。

实验8-5 剪贴板对象

【题目】剪贴板的使用。当执行弹出式菜单"复制"命令时，把文本框 Text1 中的内容写入剪贴板；当执行弹出式菜单"粘贴"命令时，把剪贴板中的内容写入文本框 Text2。

【实验步骤】

1．界面设计和属性设置

在窗体上放置两个文本框，并设置 MultiLine 属性为 True。

弹出式菜单的内容设计如表 8-4 所示。

表　8-4

菜 单 名 称	菜 单 标 题	Visible
MnuPopsj		False
Copy	复制	True
Vaste	粘贴	True

界面设计如图 8-5 所示。

2．添加程序代码

```
Private Sub Form_MouseDown(Button As Integer,
Shift As Integer, X As Single, Y As Single)
    If Button=2 Then
        Form1.PopupMenu MnuPopsj
    End If
End Sub

Private Sub Copy_Click()
    Clipboard.Clear
    Clipboard.SetText (Text1.Text)
End Sub

Private Sub Vaste_Click()
    temp=Clipboard.GetText(vbCFText)
    Text2.Text=temp
End Sub
```

图 8-5　窗体界面

3．保存文件

将程序运行通过后，最后保存文件。

实验 8-6　通用对话框对象（一）

【题目】编写程序，在窗体上画一个文本框和 2 个命令按钮，在文本框中输入一段文本，然后实现以下操作：

① 通过字体对话框把文本框中文本的字体设置为黑体，字体样式设置为粗斜体，字体大小为 28。此操作在第一个命令按钮的单击事件过程中实现。

② 通过颜色对话框把文本框中文字的前景色设置为红色，此操作在第二个命令按钮的单击事件过程中完成。

【实验步骤】

1．窗体界面

在窗体上放置一个文本框、两个命令按钮和一个通用对话框（添加该控件的方法是选择 Visual Basic 的"工程"→"部件"命令，在打开的"部件"对话框中选中"Microsoft Common Dialog Control 6.0"，单击"确定"按钮，这时 CommonDialog 控件将添加到工具箱中。），界面设计如图 8-6 所示。

图 8-6　窗体界面

2. 属性设置

对象属性设置如表 8-5 所示。

表 8-5

对　　象	属 性 名 称	设 　置 　值
Form1	Caption	通用对话框示例
Text1	MultiLine	True
Command1	Caption	通过字体对话框设置字体效果
Command2	Caption	通过颜色对话框设置字体的前景色

3. 添加程序代码

```
Private Sub Command1_Click()
    CommonDialog1.Flags=cdlCFBoth Or cdlCFEffects
    CommonDialog1.ShowFont            '显示"字体"对话框
    Text1.FontName=CommonDialog1.FontName
    Text1.FontSize=CommonDialog1.FontSize
    Text1.FontBold=CommonDialog1.FontBold
    Text1.FontItalic=CommonDialog1.FontItalic
End Sub

Private Sub Command2_Click()
    CommonDialog1.ShowColor            '显示"颜色"对话框
    If Err <> vbCancel Then
        Text1.ForeColor=CommonDialog1.Color
    End If
End Sub
```

4. 保存文件

将程序运行通过后, 最后保存文件。

实验 8-7　通用对话框对象（二）

【题目】在名称为 Form1 的窗体上添加一个名称为 Command1 的命令按钮, 标题为"打开文件", 再添加一个名称为 CD1 的通用对话框。程序运行后, 如果单击命令按钮, 则弹出打开文件对话框, 请按下列要求设置属性和编写代码：

① 设置适当属性, 使对话框的标题为"打开文件"。

② 设置适当属性, 使对话框的"文件类型"下拉式组合框中有两项可供选择："文本文件"、"所有文件"（见图 8-7）, 默认的类型是"所有文件"。

③ 编写命令按钮的事件过程, 使得单击按钮可以弹出打开文件对话框。

【实验步骤】

1. 界面设计和属性设置

新建一个窗体, 按照要求建立控件并设置其属性。各控件属性见表 8-6 和表 8-7。

图 8-7　窗体界面及弹出的对话框

表　8-6

对　　象	属 性 设 置	设 置 值
命令按钮	Name	Caption
	Command1	打开文件

表　8-7

对　　象	属 性 设 置	设 置 值
通用对话框	Name	CD1
	DialogTitle	打开文件
	FilterIndex	2
	Filter	文件文件|*.txt|所有文件|*.*|

2. 添加程序代码

```
Private Sub Command1 Click()
    CD1.ShowOpen
End Sub
```

通用对话框的属性设置不仅可以在属性窗口中设置，也可以在"属性页"对话框中设置。打开"属性页"对话框的方法是：在窗体上的"通用"对话框控件上右击，在弹出的快捷菜单中选择"属性"命令，即可打开"属性页"对话框，如图 8-8 所示。

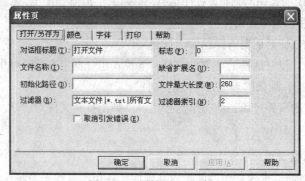

图 8-8　"属性页"对话框

3. 运行程序并保存文件

运行程序，观察运行结果，并保存窗体文件和工程文件。

实验 8-8 下拉式菜单

【题目】在名称为 Form1 的窗体上添加两个名称分别为 Text1 和 Text2 的文本框，初始内容均为空；再建立一个下拉菜单，菜单标题为"操作"，名称为 M1，此菜单下含有两个菜单项，名称分别为 Copy 和 Clear，标题分别为"复制"、"清除"，请编写适当的事件过程，使得在程序运行时，单击"复制"选项菜单，则把 Text1 中的内容复制到 Text2 中，单击"清除"选项菜单，则清除 Text2 中的内容（即在 Text2 中填入空字符串）。运行时的窗体如图 8-9 所示。

【实验步骤】

1. 界面设计和属性设置

读者可参照图 8-10 进行菜单的添加。

2. 添加程序代码

```
Private Sub Copy_Click()              '复制菜单项的事件过程
    Text2.Text = Text1.Text
End Sub
Private Sub Clear_Click()             '清除菜单项的事件过程
    Text2.Text = ""
End Sub
```

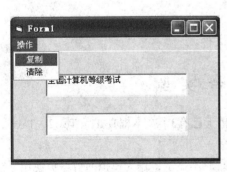

图 8-9 菜单运行效果

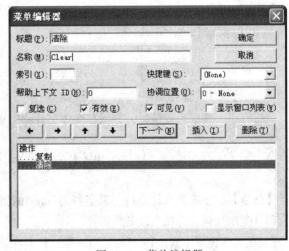

图 8-10 菜单编辑器

3. 运行程序并保存文件

运行程序，观察运行结果，并保存窗体文件和工程文件。

实验 8-9 弹出式菜单

【题目】在名称为 Form1 的窗体上建立一个名称为"menu1"、标题为"文件"的弹出式菜单，其含有 3 个菜单项，它们的标题分别为："打开"、"关闭"、"保存"，名称分别为 "m1"、"m2"、"m3"。再添加一个命令按钮，名称为 "Command1"、标题为 "弹出菜单"。

【要求】编写命令按钮的 Click 事件过程，使程序运行时，单击"弹出菜单"按钮可弹出"文件"菜单（见图 8-11）。

【分析】要创建弹出式菜单需先用菜单编辑器来建立菜单，并将其主菜单项的可见（即 Visible）属性值设置为不可见，然后通过对象的 Command1_Click 事件，执行对象的 PopupMenu 方法来显示菜单。

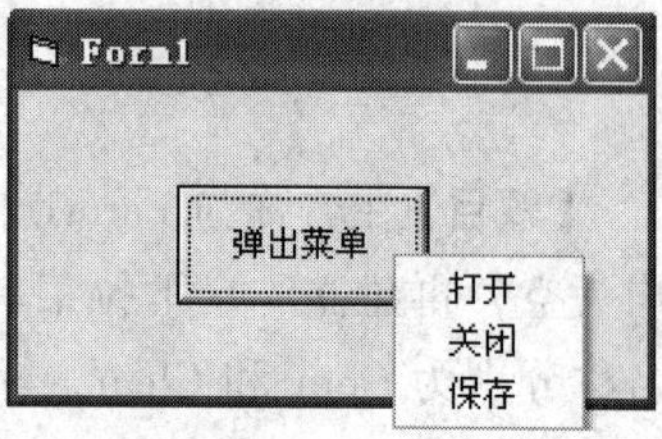

图 8-11　程序运行界面

【实验步骤】

1. 界面设计和属性设置

添加一个命令按钮设置 Name 属性为 Command1，Caption 属性为弹出菜单。程序中用到的控件及属性如表 8-8 所示。

表　8-8

标　　　题	名　　　称	Visible	内 缩 符 号
文件	menu1	False	0
打开	m1	True	1
关闭	m2	True	1
保存	m3	True	1

2. 添加程序代码

```
Private Sub Command1 Click()
    PopupMenu menu1
End Sub
```

3. 运行程序并保存文件

运行程序，观察运行结果，并保存窗体文件和工程文件。

实验 8-10　综 合 实 验

【题目】已知工程文件 s.vbp，其名称为 Form1 的窗体上已有 3 个文本框 Text1、Text2、Text3，以及部分程序代码。请完成以下操作：

① 在属性窗口中修改 Text3 的适当属性，使其在运行时不显示，作为模拟的剪贴板使用。窗体如图 8-12 所示。

② 建立下拉式菜单，属性设置如表 8-9 所示。

表　8-9

标　　题	名　　　称	标　　题	名　　　称
编辑	Edit	复制	Copy
剪切	Cut	粘贴	Faste

③ 窗体文件中给出了所有事件过程，但不完整，请填空。以便实现如下功能：当光标所在的文件框中无内容时，"剪切"、"复制"不可用，否则可以把该文本框中的内容剪切或复制到 Text3 中；若 Text3 中无内容，则"粘贴"不能用，否则可以把 Text3 中的内容粘贴在光标所在的文本框中的内容之后。

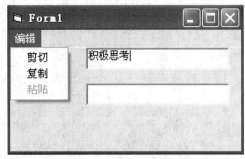

图 8-12　程序运行界面

【分析】本题涉及知识点包括：文本框的Visible 和Text属性，菜单编辑器的使用（名称、内缩符号），菜单项的Enabled属性，If选择判断语句，For循环语句以及焦点触发的GotFocus事件过程。

本题中隐藏的文本框 Text3 的功能相当于剪贴板。在文本框（Text1 或 Text2）获得焦点触发的 GotFocus 事件过程中，用窗体变量 which 记录下该文本框序号（1 或 2）。通过"编辑"菜单的 Click 事件过程中首先根据 which 的值不同，来判断相应文本框（Text1 或 Text2）的内容是否为空，若内容为空则设置"剪切"和"复制"菜单项不可用，否则设置"剪切"和"复制"菜单项可用；其次判断 Text3 文本框的内容是否为空，若内容为空则设置"粘贴"菜单项不可用，否则设置"粘贴"菜单项可用。

在"复制"命令的单击事件过程中，根据 which 的值不同，将相应文本框（Text1 或 Text2）中的内容复制到 Text3 文本框中。在"剪切"命令的单击事件过程中除应执行与"复制"命令相同的语句外，还应执行清除当前文本框中内容的语句。在"粘贴"命令的单击事件过程中，也要根据 which 值的不同，将 Text3 文本框中的内容接入相应文本框中的原内容之后。

【实验步骤】

1. 界面设计和属性设置

打开本实验工程文件，按照题目要求建立菜单并设置其属性，如表 8-10 所示。

表　8-10

控　件	名　称	内 缩 符 号
编辑	Edit	0
剪切	Cut	1
复制	Copy	1
粘贴	Paste	1

2. 分析并编写程序代码

```
Dim which As Integer
Private Sub copy Click()
    If which=1 Then
        Text3.Text=Text1.Text
    ElseIf which=2 Then
        Text3.Text=Text2.Text
    End If
End Sub
Private Sub cut Click()
```

```
        If which=1 Then
            Text3.Text=Text1.Text
            Text1.Text=""
        ElseIf which=2 Then
            Text3.Text=Text2.Text
            Text2.Text=""
        End If
    End Sub
    Private Sub edit Click()
        If which=_____ Then
            If Text1.Text="" Then
                cut.Enabled=False
                Copy.Enabled=False
            Else
                cut.Enabled=True
                Copy.Enabled=True
            End If
        ElseIf which=_____Then
            If Text2.Text="" Then
                cut.Enabled=False
                Copy.Enabled=False
            Else
                cut.Enabled=True
                Copy.Enabled=True
            End If
        End If
        If Text3.Text="" Then
            Paste.Enabled=False
        Else
            Paste.Enabled=True
        End If
    End Sub
    Private Sub paste Click()
        If which=1 Then
            Text1.Text=_____
        ElseIf which=2 Then
            Text2.Text=_____
        End If
    End Sub
    Private Sub Text1 GotFocus()    '本过程的作用是：当焦点在 Text1 中时，which = 1
        which=1
    End Sub
    Private Sub Text2 GotFocus()    '本过程的作用是：当焦点在 Text2 中时，which = 2
        which=2
    End Sub
```

3. 运行程序并保存文件

运行程序，观察运行结果，并保存窗体文件和工程文件。

实验 9 | 程序调试与出错处理

实验目的

◆ 掌握 Visual Basic 常用的程序调试方法。

◆ 利用"调试"窗口观察、跟踪变量的中间结果。

◆ 学会编写出错处理程序。

实验 9-1 运 行 错 误

【题目】从斐波那契数列中找出长度为两位和 3 位的非素数元素。

注：斐波那契数列即

$$
\text{Fib}(n)=
\begin{cases}
1 & n=1，n=2 \\
\text{Fib}(n-1)+\text{Fib}(n-2) & n>2
\end{cases}
$$

【要求】单击"执行"按钮后，在列表框 1 中显示出所有长度为两位和三位的斐波那契数，在文本框 1 中则显示出这些数中的非素数元素。

【分析】定义一函数求出斐波那契数列，再定义一函数判断某数是否为素数，利用循环来判断长度为两位和 3 位的斐波那契数列中的非素数元素。

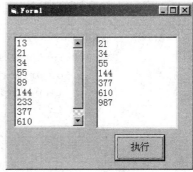

图 9-1　窗体布局

【实验步骤】

1. 窗体设计

在窗体上放置一个列表框控件、一个文本框和一个命令按钮，具体布局如图 9-1 所示。

2. 属性设置

对象属性设置如表 9-1 所示。

表 9-1

对　象	属 性 设 置	设 置 值
文本框 1	Text	空
	Multiline	True
命令按钮 1	Caption	执行

3. 添加程序代码

```
Option Explicit
Private Function fib(n As Integer) As Long
    If n=1 or n=2 Then
        fib=1
    Else
        fib=fib(n-1)+fib(n-2)
    End If
End Function
Private Function prime(n As Integer) As Boolean
    Dim k As Integer
    Prime=False
    For k=2 To Sqr(n)
        If n Mod k=0 Then Exit Function
    Next k
    prime=True
End Function
Private Sub Command1_Click()
    Dim temp As String, k As Integer, p As Long
    k=1: p=fib(k)
    Do Until Len(temp)>4
        temp=cstr(p)
        If Len(temp)=2 Or Len(temp)=3 Then
            List1.AddItem p
        End If
        k=k+1
        p=fib(k)
    Loop
    temp=""
    For k=0 To List1.ListCount
        If Not prime(List1.List(k)) Then
            temp=temp & List1.List(k) & Chr(13) & Chr(10)
        End If
    Next k
    Text1=temp
End Sub
```

运行程序后发现结果有错，提示信息如图 9-2 所示。

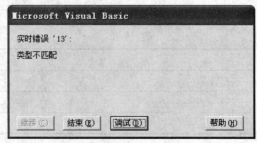

图 9-2　错误提示信息

这是一种运行错误，单击"调试"按钮后自动进入中断模式，同时，出错的语句行字体颜色变为黄色，说明修改此行语句可能会解决问题。本例中即将 Not prime(List1.List(k)) 修改为 Not prime(Val(List1.List(k)))，再次运行程序，结果正确。

4．保存文件

将程序调试结束后，最后保存文件。

实验 9-2 断 点 设 置

【题目】编制求级数和的应用程序，计算公式为 $S=2!+4!+6!+\ldots+(2n)!$。

【要求】在文本框中输入项数，单击"计算"按钮，在另一个文本框中显示结果。单击"清除"按钮后，清除两个文本框中的内容，光标聚焦在"输入项数"文本框中。单击"退出"按钮，结束应用程序的运行。

【分析】利用循环求阶乘较方便，求偶数阶乘之和则可以采用双重循环来实现。

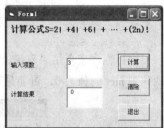

【实验步骤】

1．窗体设计

在窗体上放置 3 个 Label 控件、2 个 TextBox 控件、3 个 CommandButton 控件。具体布局如图 9-3 所示。

图 9-3 级数求和窗体布局

2．属性设置

对象属性的设置如表 9-2 所示。

表 9-2

对　　象	属 性 名 称	设　　置　　值
标签 1	Caption	计算公式 S=2!+4!+6!+...+(2n)!
	FontBold	True
	FontSize	小四
标签 2	Caption	输入项数
标签 3	Caption	计算结果
文本框 1	Text	空
文本框 2	Text	空
命令按钮 1	Caption	计算
命令按钮 2	Caption	清除
命令按钮 3	Caption	退出

3．添加程序代码

```
Private Sub Command1_Click()
    Dim fact As Double, sum As Double, n As Integer
    Dim i As Integer, j As Integer
    n=Val(Text1.Text)
```

```
        For i=2 To 2*n Step 2
            For j=1 To i
                fact=fact*j
            Next j
            sum=sum+fact
        Next i
        Text2.Text=Str(sum)
    End Sub
    Private Sub Command2_Click()
        Text1.Text=""
        Text2.Text=""
        Text1.SetFocus
    End Sub
    Private Sub Command3_Click()
        End
    End Sub
```

运行程序发现结果有错，结果总是 0，这是一种逻辑错误。在代码的两处设置断点（见图 9-4），观察到 fact 的值为 0，可能是这一原因造成结果的不正确。

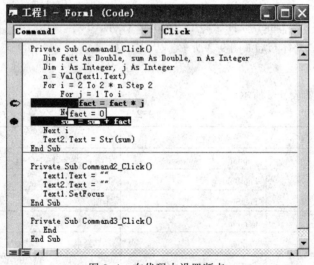

图 9-4　在代码中设置断点

通过添加"监视"窗口观察 4 个表达式的值，从"立即"窗口（代码中加光带的 Debug.Print 语句中的变量值在"立即"窗口中显示）中看到循环执行时 fact 的值始终为 0，保持不变；在"本地"窗口中可以观察本过程中的变量，除了 fact 和 sum 的值不对外，其他变量值正常，如图 9-5 所示。

通过一系列的调试，可以断定程序运行结果错误是由变量 fact 引起的。仔细观察程序，发现 fact 的初值应该为 1，而不是 0，因此应该在两个 for 语句之间加一条语句：fact=1。再次调试并运行程序，结果正确。最后将断点删除，将 Debug 语句删除，关闭"调试"窗口。

4．保存文件

将程序调试结束后，最后保存文件。

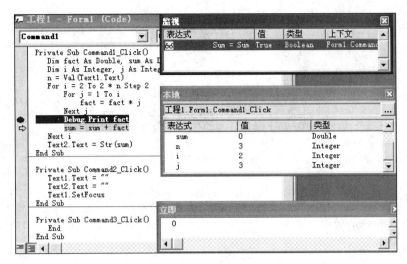

图 9-5　添加"监视窗口"

实验 9-3　自 测 练 习

【题目】调试程序。下面是一个有错误的程序，它的功能是求出不超过 6 位数的 Armstrong 数。所谓 Armstrong 数是指一个 N 位正整数，它的每位数字的 N 次方之和等于它本身。例如：$153=1^3+5^3+3^3$ 是一个 3 位的 Armstrong 数，$54\,748=5^5+4^5+7^5+4^5+8^5$ 是一个 5 位的 Armstrong 数。

```
Option Explicit
Private Sub ars( k As Long, num() As Integer)
    Dim i As Integer
    For i=1 To Len(CStr(k))
        num(i)=k Mod 10
        k=k\10
    Next i
End Sub
Private Sub Form_Click()
    Dim n As Integer, i As Long, num() As Integer
    Dim cb As Long, ct As Integer, j As Integer, s As Long
    n=InputBox("要查找的 Armstrong 数的位数: ", , 2)
    cb=Val(Left("100000", n))
    ct=Val(Left("999999", n))
    ReDim num(n)
    For i=cb To ct
        ars(i, num)
        s=0
        For j=1 To UBound(num)
            s=s+num(j)^n
        Next j
        If s=i Then Print i; "是一个 Armstrong 数! "
    Next i
End Sub
```

请用所学的程序调试方法调试程序，找出错误并改正错误。

【实验步骤】略。

实验 10 │ 多媒体应用

实验目的

- ◆ 掌握绘图控件的使用。
- ◆ 掌握坐标和颜色的设置方法。
- ◆ 掌握 Visual Basic 绘图的基本方法。
- ◆ 编制简单的动画程序。
- ◆ 使用 MCI 控件实现多媒体设备的控制。

实验 10-1　绘图控件（一）

【题目】球在规定范围内自动移动。

【要求】

① 应用程序窗体上有名称为 Timer 的定时器、一个名称为 Shape1 的形状控件，以及名称为 Line 和 Line2 的两条水平直线，如图 10-1 所示。

② Shape1 的顶端距窗体 Form1 顶端的距离为 360，形状为圆形，且颜色为红色（红色对应的值为：&H0000FF&或&HFF&)。

③ 程序运行时，Shape1 将在 Line1 和 Line2 之间运动，当 Shape1 的顶端到达 Line1 时，会自动改变方向而向下运动；当 Shape1 的底部到达 Line2 时，会改变方向而向上运动。

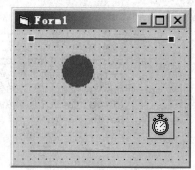

图 10-1　球的自动运动

【实验步骤】

1. 界面设计和属性设置

读者可参照图 10-1 自行设置。

2. 添加程序代码

```
Dim s As Integer
Private Sub Form_Load()
    Timer1.Enabled=True
    s=-40
End Sub


Private Sub Timer1_Timer()
```

```
    Shape1.Move Shape1.Left, Shape1.Top+s
    If Shape1.Top<=Line1.Y1 Then
        s=-s
    End If
    If Shape1.Top + Shape1.Height>=Line2.Y1 Then
        s=-s
    End If
End Sub
```

3．运行程序并保存文件

运行程序，观察运行结果，并保存窗体文件和工程文件。

实验 10-2 绘图控件（二）

【题目】通过滚动条实现圆在相应方向的移动。

【要求】

① 应用程序窗体上有一个矩形、一个圆、垂直和水平滚动条各一个，如图 10-2 所示。

② 程序运行时，移动滚动条的滚动块可使圆做相应方向的移动。滚动条刻度值的范围是圆可以在矩形中移动的范围，要求在代码中设置。以水平滚动条为例，滚动块在最左边时，圆靠在矩形的左边线上，如图 10-2（a）所示；滚动块在最右边时，圆靠在矩形的右边线上，如图 10-2（b）所示。垂直滚动条的情况与此类似。

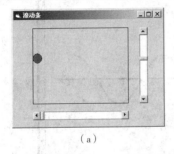 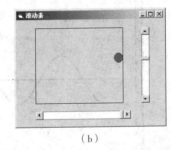

（a）   （b）

图 10-2 球的移动

【分析】首先应在窗体适当位置加上矩形和圆两个对象，然后根据题目要求在 Form_Load 事件中分别设置水平和垂直滚动条的变化范围，即通过 Max 和 Min 属性设置滚动条的最大值和最小值。

【实验步骤】

1．界面设计和属性设置

读者可参照图 10-2 自行设置。

2．添加程序代码

```
Private Sub Form_load()
    HScroll1.Min=Shape2.Left
    HScroll1.Max=Shape2.Width+Shape2.Left-Shape1.Width
    VScroll1.Min=Shape2.Top
```

```
        VScroll1.Max=Shape2.Height+Shape2.Top-Shape1.Height
        HScroll1.Value=HScroll1.Min
        VScroll1.Value=1000
    End Sub

    Private Sub HScroll1_Change()
        Shape1.Left=HScroll1.Value
    End Sub

    Private Sub VScroll1_Change()
        Shape1.Top=VScroll1.Value
    End Sub
```

3. 运行程序并保存文件

运行程序，观察运行结果，并保存窗体文件和工程文件。

实验 10-3　动态数学曲线

【题目】动态数学曲线。

【要求】在图片框中画图，画出 X、Y 坐标轴，并在坐标轴上画正弦曲线，如图 10-3 所示。

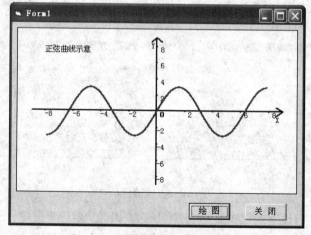

图 10-3　动态数学曲线

【实验步骤】

1. 界面设计和属性设置

在窗体上放置一个 PictureBox 控件（设置 Appearance 属性值为 0-Flat）和两个 CommandButton 控件。具体布局如图 10-3 所示。

2. 程序代码

```
    Const pi As Double=3.14159          '定义常数 pi
    Private Sub Command1_Click()
        Picture1.Cls                    '清除 picture1 内的图形
        'Scale 方法设定用户坐标系，坐标原点在 Picture1 中心
```

```
        Picture1.ScaleMode=3                          '设置坐标的单位为像素
        Picture1.Scale(-10,10)-(10,-10)
        Picture1.DrawWidth=2                          '设置绘线宽度
        '绘坐标系的 X 轴及箭头线
        Picture1.Line (-9,0)-(9,0), vbBlue
        Picture1.Line (8.5,0.5)-(9,0), vbBlue
        Picture1.Line -(8.5,-0.5), vbBlue
        Picture1.ForeColor=vbBlue
        Picture1.Print "X"
        '绘坐标系的 Y 轴及箭头线
        Picture1.Line (0,9)-(0,-9), vbBlue
        Picture1.Line (0.4,8.5)-(0,9), vbBlue
        Picture1.Line -(-0.4,8.5), vbBlue
        Picture1.Print "Y"
        '打印出 X 轴上刻度
        For i=-8 To 8 Step 2
            Picture1.CurrentX=0
            Picture1.CurrentY=i
            Picture1.PSet (0.02,i)
            Picture1.Print i
        Next
        '打印出 Y 轴上刻度
        For i=-8 To 8 Step 2
            Picture1.CurrentX=i
            Picture1.CurrentY=0
            Picture1.PSet (i,0.02)
            Picture1.Print i
        Next
        Picture1.CurrentX=-8
        Picture1.CurrentY=8
        Picture1.ForeColor=vbBlue
        Picture1.Print "正弦曲线示意"
        '用 For 循环绘点，使其按正弦规律变化。步长值很小，使其形成动画效果
        For a=-2.5*pi To 2.5*pi Step 3/6000
            Picture1.PSet(a,Sin(a)*3), vbRed
        Next
    End Sub

    Private Sub Command2_Click()
        Unload Me                                     '关闭程序
    End Sub
```

3. 运行程序并保存文件

运行程序，观察运行结果，并保存窗体文件和工程文件。

实验 10-4 霓 虹 灯

【题目】霓虹灯。

【要求】设计一串有追逐效果的霓虹灯。

【实验步骤】

1. 界面设计和属性设置

① 新建一个"标准 EXE"工程。并设置 Form1 的 Backcolor 属性为黑色。

② 建立第一个彩灯。在窗体上放一个 Label 控件（Label1）。设置 Caption 属性为"★"（也可为其他字符，这里的"★"可在 Windows 2000 系统中的"附件"的"字符映射表"中找到，也可以从这里复制该字符再粘贴），Autosize 为 True，Backstyle 为 0-Transparent，字体大小为 18，Forecolor 为红色。

③ 建立其他 29 个彩灯。单击 Label1，按【Ctrl+C】组合键（复制），再按【Ctrl+V】组合键（粘贴），在 Form1 上创建另一个标题与 Lable1 相同的标签（Label1（1）），屏幕提示是否建立控件数组时选择"YES"。如此反复进行复制，共建立 30 个标签，将这 30 个标签按顺序排成一个矩形方框。

④ 放置一个 Timer 控件到窗体上，设置它的 Interval 属性为 400。具体布局如图 10-4 所示。

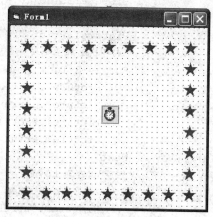

图 10-4 霓虹灯设计界面

2. 程序代码

```
Option Explicit
Dim Num As Integer                          '判断该显示哪种颜色的彩灯
Private Sub Form_Load()
    Dim index As Integer
    Num=0
    For index=0 To 9
        Label1(index*3).ForeColor=&HFF&      '红色
        Label1(index*3+1).ForeColor=&HFF00&  '绿色
        Label1(index*3+2).ForeColor=&HFFFF&  '黄色
    Next index
End Sub

Private Sub Timer1_Timer()
    Dim index As Integer
    If Num=3 Then
        Num=0
    End If
    For index=0 To 29
        Label1(index).Visible=False          '先隐藏所有的 Label 控件
```

```
        Next index
        'Mod 为求余数,0-红色，1-绿色，2-黄色
        If Num Mod 3=0 Then                        '0-显示红色
            For index=0 To 9
                Label1(index*3).Visible=True
            Next index
        Else
            If Num Mod 3=1 Then                    '1-显示绿色
                For index=0 To 9
                    Label1(index*3+1).Visible=True
                Next index
            Else
                For index=0 To 9                   '2-显示黄色
                    Label1(index*3+2).Visible=True
                Next index
            End If
        End If
        Num=Num+1                                  '显示下一种颜色
    End Sub
```

3. 运行程序并保存文件

运行程序，观察运行结果，并保存窗体文件和工程文件。

实验 10-5　Flash 播放器

【题目】Flash 播放器。

【要求】使用 ActiveX 控件实现一个简单的 Flash 播放器。

【实验步骤】

1. 界面设计和属性设置

新建一个"标准 EXE"工程，选择"工程"菜单中的"部件"选项，在弹出的"部件"窗口中，选择"Microsoft Common Dialog Control 6.0"和"Shockwave Flash"选项，单击"确定"按钮，这时控件工具箱中出现 CommonDialog 控件和 ShockwaveFlash 控件，前者主要用来打开通用对话框，如保存对话框、打开对话框、颜色对话框等，后者用来播放 Flash 的控件。

在窗体上添加一个 CommandButton（Command1）控件，Caption 属性设为"打开"，用于选择 Flash 文件；添加一个 ShockwaveFlash 控件，设置 Name 属性为"Flash1"。设计完毕的窗体如图 10-5 所示。

2. 程序代码

```
Option Explicit
Dim MovieName As String
Private Sub Command1_Click()
    '出现错误时跳到下一语句
    On Error Resume Next
```

图 10-5　Flash 播放器设计界面图

```
        CmnDgOpen.CancelError=True
        CmnDgOpen.DialogTitle="打开文件"
        '设置 "打开" 对话框的属性并显示该对话框。默认的文件名为空, 类型为.swf
        CmnDgOpen.FileName=""
        CmnDgOpen.Filter="Flash 文件(.swf)|*.swf"
        CmnDgOpen.Flags=cdlOFNFileMustExist
        CmnDgOpen.ShowOpen
        If Err=cdlCancel Then Exit Sub        '如果用户取消, 则退出子程序
        MovieName=CmnDgOpen.FileName           '打开选择的文件名
        Flash1.Movie=MovieName
        Flash1.Playing=1                        '播放 Flash 文件
    End Sub

    Private Sub Form_Resize()
        '当窗体大小改变时, 改变播放窗口范围的大小
        Flash1.Move 0, Command1.Height+40, Form1.ScaleWidth, _
            Form1.ScaleHeight-Command1.Height-40
    End Sub
```

3. 运行程序并保存文件

运行程序，观察运行结果，并保存窗体文件和工程文件。

实验 10-6　画正弦曲线与余弦曲线

【题目】在同一坐标系中，用两种不同颜色同时绘出[-360°, 360°]的正弦曲线与余弦曲线。

【实验步骤】略。

实验 10-7　RealPlay 播放器

【题目】利用 ActiveX 控件实现一个 RealPlay 播放器，由用户使用 "打开" 对话框选择要播放的文件（如.mp3、.rm 等 RealPlay 支持的格式），编程实现这些多媒体影音文件的播放。

【实验步骤】略。

实验 11 │ 数据库技术

实验目的

◆ 理解数据库的结构和表的结构，了解 Access 数据库。

◆ 掌握数据控件（Data）基本属性的设置和使用方法。

◆ 熟悉 SQL 语言的语法规则。

◆ 掌握 ADO Data 控件的基本属性设置和使用方法。

实验 11-1　建立及修改 Access 数据库

【题目】建立及修改 Access 数据库。

【要求】学习在 Access 2003 中建立一个教学信息数据库及其中的学生表、教师表、课程表、任课表、成绩表以及专业代码表。对现有的 Access 数据库进行修改、转换等操作。

【实验步骤】

1. 建立数据库

启动 Access 应用程序，选择"文件"→"新建"命令，在"新建文件"窗格中单击"空数据库"选项，并为新数据库命名为"教学信息库.mdb"，保存到 E 盘以自己学号命名的文件夹下。

在图 11-1 所示的界面中，双击"使用设计器创建表"图标，弹出表设计器窗口，如图 11-2 所示。

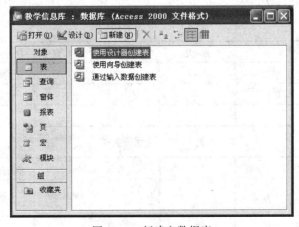

图 11-1　新建空数据库

在表设计器窗口中，用户可以设计数据表的结构，主要包括字段名称、字段类型、字段长度等信息。教师表的上述相关信息如表 11-1 所示。

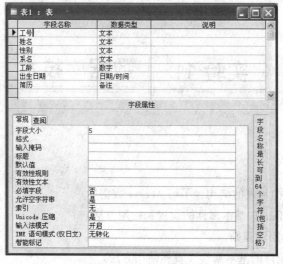

图 11-2　表设计器窗口

表 11-1　教师表结构

序　号	字　段　名	数　据　类　型	字　段　大　小	序　号	字　段　名	数　据　类　型	字　段　大　小
1	工号（主键）	文本	5	5	工龄	数字	整型
2	姓名	文本	8	6	出生日期	日期/时间	
3	性别	文本	2	7	简历	备注	
4	系名	文本	20				

当图 11-2 所示的表结构建立好之后，用户可以右击"工号"，在弹出的快捷菜单中选择"主键"命令，将该字段设为"主键"，然后关闭表设计器窗口，在弹出的"另存为"对话框中输入表文件名"教师表"。表结构修改完成之后，用户可以双击该表名，从而输入相关数据。

用户可以根据上述介绍，根据表 11-2～表 11-6 给出的表结构，依次建立其他数据表结构并简单输入一些数据供以后使用。

表 11-2　学生表结构

序　号	字　段　名	数　据　类　型	字　段　大　小	序　号	字　段　名	数　据　类　型	字　段　大　小
1	学号（主键）	文本	6	4	专业代号	文本	6
2	姓名	文本	8	5	系名	文本	20
3	性别	文本	2				

表 11-3　任课表结构

序　号	字　段　名	数　据　类　型	字　段　大　小	序　号	字　段　名	数　据　类　型	字　段　大　小
1	专业代号（主键）	文本	6	3	工号	文本	5
2	课程代号	文本	2				

表 11-4　课程表结构

序　号	字 段 名	数据类型	字段大小	序　号	字 段 名	数据类型	字段大小
1	课程代号（主键）	文本	6	4	是否必修	是/否	
2	课程名	文本	20	5	学分	数值	整型
3	课时数	数值	整型				

表 11-5　成绩表结构

序　号	字 段 名	数据类型	字段大小	备　注
1	学号	文本	6	（主键）
2	课程代号	文本	6	
3	分数	数值	整型	

表 11-6　专业代码表结构

序　号	字 段 名	数据类型	字段大小	序　号	字 段 名	数据类型	字段大小
1	专业代号（主键）	文本	12	2	专业名称	文本	40

2. 打开并修改数据库

用户可以通过选择"文件"→"打开"命令，从弹出的"打开"对话框中选择要打开的 Access 数据库文件。例如，用户可以到 Office 的安装目录中，找到"Samples"文件夹，在其中找到"Northwind.mdb"数据库文件，双击该文件在 Access 中打开该数据库。

在图 11-3 所示的界面中，用户可以单击"Northwind：数据库"窗口左侧窗格中的"表"选项，在右侧窗格中选择要修改的数据表（如"雇员"表），单击标题栏下方的"设计"按钮，在弹出的"雇员：表"窗口中，对已有的表结构进行修改。例如，可以在已有字段名上右击，并在弹出的快捷菜单中选择"插入行"或"删除行"命令。也可以在"数据类型"栏中使用下拉列表框更改现有数据类型或在下方的"字段属性"中对"字段大小"、"格式"等信息进行修改。

当修改完成之后，用户可以通过选择"工具"→"数据库实用工具"→"转换数据库"→"转为 Access 97 文件格式"命令，在弹出的对话框中保存转换后的文件到 E 盘以自己学号命名的文件夹中供 Visual Basic 编程使用。

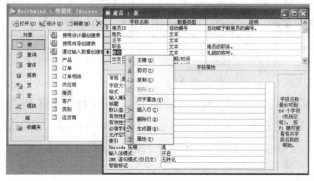

图 11-3　修改已有的数据表结构

实验 11-2   ADO Data 控件的使用

【题目】ADO Data 控件的使用。

【要求】在 Northwind.mdb 数据库中包含"产品"数据表和"供应商"数据表。它们各自包含的字段如图 11-4 所示。要求在窗体上显示出产品表中"产品名称""库存量""订购量"字段以及供应商表中的"公司名称"、"电话"字段，以方便管理员了解库存情况。

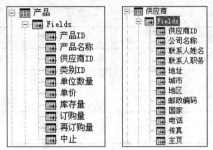

图 11-4   产品与供应商数据表

【实验步骤】

① 在 Visual Basic 中新建"标准"工程，从"部件"菜单中添加"Microsoft ADO Data Control 6.0"以及"Microsoft DataGrid Control 6.0"两个部件到 Visual Basic 工具箱，如图 11-5 所示。

② 设计如图 11-6 所示的界面。

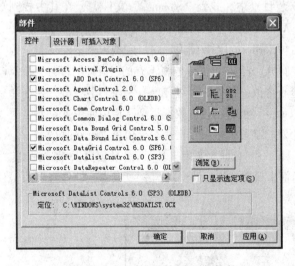

图 11-5   在部件对话框中添加控件   图 11-6   程序界面

Adodc1 的 ConnectionString 属性的设置如图 11-7 所示。在图 11-7 所示对话框中，单击"生成"按钮，弹出"数据链接属性"对话框，在如图 11-8 和图 11-9 所示的"提供程序"和"连接"选项卡中进行设置，从而自动生成 ConnectionString 字符串"Provider=MSDASQL.1;Persist Security Info=False;Data Source=MS Access Database;Initial Catalog=E:\Northwind.mdb"。

此外，在 Adodc1 控件的"记录源"属性中，"命令类型"设置为"1-adCmdText"（见图 11-10），对应的"命令文本（SQL）"为"Select 产品.产品名称,产品.库存量,产品.订购量,供应商.公司名称,供应商.电话 From 产品,供应商 Where 产品.供应商 ID=供应商.供应商 ID"。

这一 SQL 语句是一个多表查询语句,由于 Access 提供的 ODBC 引擎不支持多表联结的使用,因此,使用 Where 条件使得两张数据库中的相关记录能够一一对应。

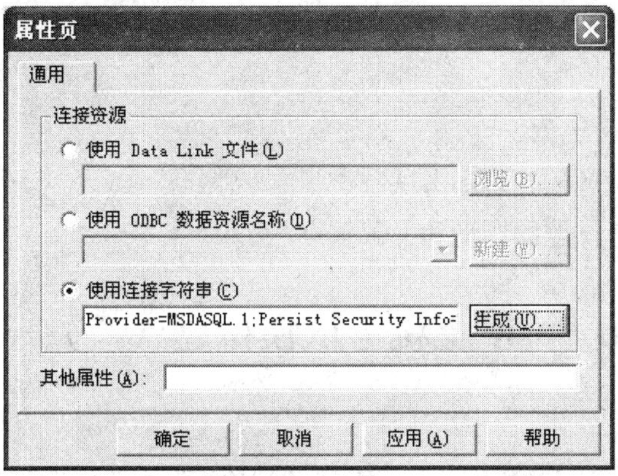

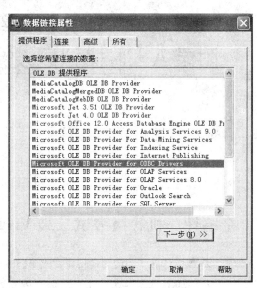

图 11-7　Adodc1 的 ConnectionString 属性设置　　　　图 11-8　"提供程序"选项卡

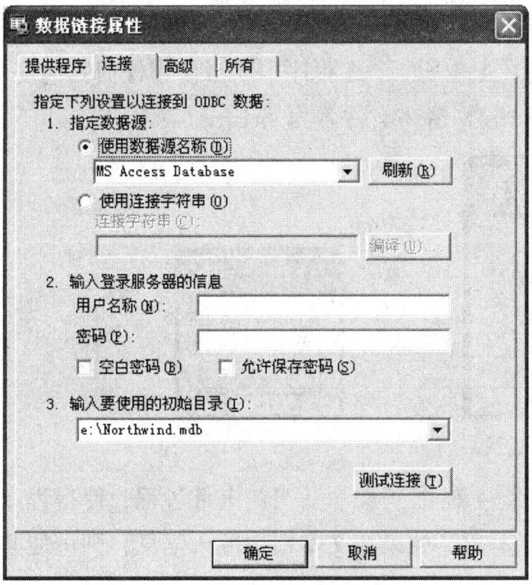

图 11-9　"连接"选项卡 　　　　　　　图 11-10　Adodc1 控件的"记录源"属性设置

目的

◆ 熟悉全国计算机二级 Visual Basic 上机考试题的题型和考试重点。

◆ 熟悉江苏省计算机二级 Visual Basic 上机考试题的题型和考试重点。

全国计算机等级考试二级 Visual Basic 上机考试模拟题（一）

一、基本操作题（共 2 小题，每小题 15 分）

（1）在窗体 Form1 上建立两个名称分别为 Cmd1 和 Cmd2，标题分别为"输入"和"连接"的命令按钮。要求程序运行后，单击"输入"按钮，可通过输入对话框输入两个字符串，存入字符串变量 a 和 b 中（a 和 b 定义为窗体变量），如果单击"连接"按钮，则把两个字符串连接为一个字符串（顺序不限）并在信息框中显示出来，如图 A-1 所示，在程序中不得使用任何其他变量。文件必须存放在考生文件夹中，工程文件名为 sjt1.vbp，窗体文件名为 sjt1.frm。

图 A-1　字符串连接运行界面

（2）在窗体 Form1 上绘制一个文本框，其名称为 Text1。编写适当的事件过程，使得程序运行后，若单击窗体，则可使文本框移动到窗体的左上角；如果在文本框中输入信息，则可使文本框移动到窗体的右上角，如图 A-2 所示。

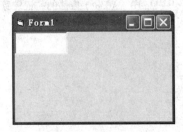
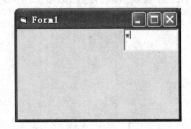

图 A-2　程序运行界面

◎注意

　　不得使用任何变量，只允许通过代码修改属性的方式移动文本框；文件必须存放在考生文件夹中，工程文件名为 sjt2.vbp，窗体文件名为 sjt2.frm。

二、简单应用题（共 2 小题，每小题 20 分）

（1）在考生文件夹下有工程文件 sjt3.vbp 及窗体文件 sjt3.frm，该程序是不完整的，请在有"?"的地方填入正确内容，然后删除"?"及所有注释符（即"'"号），但不能修改其他部分。存盘时不得改变文件名和文件夹。

本题描述如下：

根据给定图形的三边的边长来判断图形的类型。若为三角形，则同时计算出为何种三角形、三角形的周长和面积，程序运行界面如图 A-3 所示。

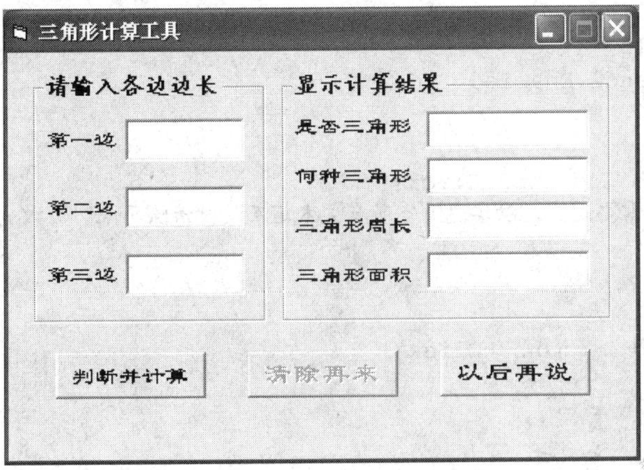

图 A-3　程序运行界面

要求完成"判断并计算"按钮的如下功能：判断输入的条件是否为三角形，若是三角形则在 Text1 中显示"是三角形"；在 Text2 中显示是何种三角形；单击"清除再来"按钮可以将所有显示框清空，且按钮本身变为不可选取状态。单击"判断并计算"按钮之后重新恢复为可选状态。

附：三角形存在的条件为任一边不为 0，且任两边之和大于第三边；若一边具有 $a^2+b^2=c^2$，则为直角三角形；若所有边具有 $a^2+b^2>c^2$，则为锐角三角形；若一边具有 $a^2+b^2<c^2$，则为钝角三角形。

文件 sjt3.frm 中包含代码如下：

```
Option Explicit
Dim a As Single
Dim b As Single
Dim c As Single
Dim S As Double
Dim L As Single
Private Sub Command1_Click()
    a=Val(Text5.Text)
    b=Val(Text6.Text)
    c=Val(Text7.Text)
    'If ? Then
```

```
            Text1.Text="是三角形"
            'If ? Then
                Text2.Text="是直角三角形"
            Else
                'If ? Then
                    Text2.Text="是锐角三角形"
                Else: Text2.Text="是钝角三角形"
                End If
            End If
            Text3.Text=a+b+c                              '计算三角形的周长
            L=(a+b+c)/2
            Text4.Text=Sqr(L*(L-a)*(L-b)*(L-c))           '计算三角形的面积
        Else: Text1.Text="非三角形"
            Text2.Text=""
            Text3.Text=""
            Text4.Text=""
        End If
        Command2.Enabled=True
End Sub

Private Sub Command2_Click()
        '此处需要设置，以实现清空所有文本框及使"清除再来"失效的功能
        '?
End Sub

Private Sub Command3_Click()
        End
End Sub

Private Sub Form_Load()
        Text1.Enabled=False
        Text2.Enabled=False
        Text3.Enabled=False
        Text4.Enabled=False
        Command2.Enabled=False
End Sub
```

（2）在窗体 Form1 上绘制两个图片框，名称分别为 Pic1 和 Pic2，高度、宽度均为 1 700，通过属性窗口把图片文件 pic1.bmp 放入 Pic1 中，把图片文件 pic2.jpg 放入 Pic2 中；再绘制一个命令按钮，名为 Cmd1，标题为"交换图片"，如图 A-4 所示。编写适当的事件过程，使得程序运行时，如果单击命令按钮，则交换两个图片框中的图片。

◎注意

> 　程序中不得使用任何变量；文件必须存放在考生文件夹中，工程文件名为 sjt4.vbp，窗体文件名为 sjt4.frm。

三、综合应用题（30 分）

在窗体 Form1 上绘制 1 个名称为 Text1、MultiLine 属性为 True、初始内容为空白的文本框和 2 个命令按钮（名称分别为 Cmd1 和 Cmd2，标题分别为"添加两条记录"和"显示所有记录"），如图 A-5 所示。

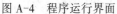

图 A-4 程序运行界面   图 A-5 程序运行界面

编写适当的事件过程，使得程序运行后，如果单击"添加两条记录"命令按钮，则向考生文件夹下的 in5.txt 文件中添加两条记录。该文件是一个用随机存取方式建立的文件，共有 3 条记录，新添加的记录作为第 4、第 5 条记录；如果单击"显示所有记录"命令按钮，则把该文件中的全部记录（包括原来的 3 条记录和新添加的 2 条记录，共 5 条记录）在文本框中显示出来。随机文件 in5.txt 中的每个记录包括 3 个字段，分别为姓名、电话号码和邮政编码，其名称、类型和长度分别为：

名 称	类 型	长 度
Name	字符串	8
Tel	字符串	10
Post	Long	

其类型定义为：

```
Private Type PalInfo
    Name As String*8
    Tel As String*10
    Post As Long
End Type
```

变量定义为：

```
Dim Pal As PalInfo
```

要求：

① 单击"添加两条记录"按钮，则打开随机文件 in5.txt，向文件中添加第 4、第 5 条记录。这两条记录依次为（其中的字母必须是小写字母）：

```
zhang    68830000    100045
wang     68156666    100057
```

② 单击"显示所有记录"按钮，在文本框中显示 in5.txt 文件中的 5 条记录，每条记录显示一行。

◎注意

存盘时必须存放在考生文件夹中，工程文件名为 sjt5.vbp，窗体文件名为 sjt5.frm。

全国计算机等级考试二级 Visual Basic 上机考试模拟题（二）

一、基本操作题（共 2 小题，每小题 15 分）

（1）在窗体 Form1 上放置 2 个列表框，名称分别为 List1 和 List2。在 List1 中添加"第一题"、"第二题"……"第八题"，并设置 MultiSelect 属性为 2（要求在控件属性中设置实现），再放置一个名称为 Cmd1、标题为"复制"的命令按钮。程序运行后，如果单击"复制"按钮，将 List1 中选中的内容（至少两项）复制到 List2 中。如果选择的项数少于两项，用消息框提示"请选择至少两项"。程序运行界面如图 A-6 所示。

◎注意

保存时必须存放在考生文件夹下，窗体文件名为 sjt1.frm，工程文件名为 sjt1.vbp。

（2）在窗体 Form1 上绘制 1 个标签，名为 Lab1，标题为"请输入一个摄氏温度"；绘制 2 个文本框，名称分别为 Text1 和 Text2，内容为空；再绘制 1 个名为 Cmd1 的命令按钮，其标题为"华氏温度等于"。编写适当的程序，使得单击"华氏温度等于"按钮时，将 Text1 中输入的摄氏温度（℃）转换成华氏温度，转换公式为：$f=c \times 9/5+32$，并显示在 Text2 中。程序运行结果如图 A-7 所示。

图 A-6　程序运行界面

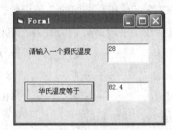
图 A-7　程序运行界面

◎注意

程序中不得使用任何变量；文件必须存放在考生文件夹中，窗体文件名为 sjt2.frm，工程文件名为 sjt2.vbp。

二、简单应用题（共 2 小题，每小题 20 分）

（1）在考生文件夹下有工程文件 sjt3.vbp 及窗体文件 sjt3.frm，该程序是不完整的，请在有"?"的地方填入正确内容，然后删除"?"及所有注释符（即"!"号），但不能修改其他部分。存盘时不得改变文件名和文件夹。

本题描述如下：

在窗体中有 3 个滚动条，名称分别为 HScroll1、HScroll2 和 HScroll3，4 个标签，名称分别为 Label1、Label2、Label3 和 Label4，Label1～Label3 的标题分别为"红""绿"和"蓝"，Label4 用来显示颜色变化；还有一个命令按钮，名称为 Command1，标题为"不玩了"。要求程序运行后，标签 Label4 的颜色随着 3 种颜色滚动条的变化而变化。试着在 HScroll1、HScroll2 和 HScroll3 的相关事件中输入相应的代码以实现程序功能。程序运行界面如图 A-8 所示。

sjt3.frm 的代码如下：

```
Option Explicit
Private Sub Command1_Click()
    End
End Sub
Private Sub Form_Load()
    'Label4.BackColor=RGB( ?, HScroll2.Value, HScroll3.Value)
```

```
End Sub
Private Sub HScroll1_Change()
    'Label4.?=RGB(HScroll1.Value, HScroll2.Value, HScroll3.Value)
End Sub
Private Sub HScroll2_Change()
    'Label4.BackColor=?(HScroll1.Value, HScroll2.Value, HScroll3.Value)
End Sub
Private Sub HScroll3_Change()
    '?=RGB(HScroll1.Value, HScroll2.Value, HScroll3.Value)
End Sub
```

（2）在考生文件夹下有工程文件 sjt4.vbp 及窗体文件 sjt4.frm，该程序是不完整的，请在有"?"的地方填入正确内容，然后删除"?"及所有注释符（即"'"号），但不能修改其他部分。存盘时不得改变文件名和文件夹。程序运行界面如图 A-9 所示。

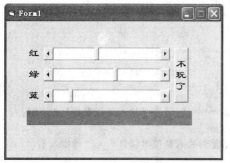
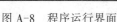

图 A-8 程序运行界面

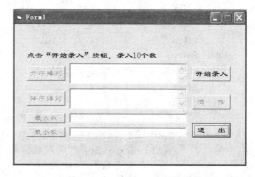

图 A-9 程序运行界面

在窗体 Form1 上有 1 个 Label 控件、4 个 Text 控件及 7 个命令按钮，功能为：开始启动工程时，界面上除"开始录入"和"退出"按钮之外，其他按钮均不可用（灰色显示）。单击"开始录入"按钮，利用 InputBox 函数让用户连续且必须录入 10 个数。若录入为非数字符号，则给出警告"输入数据无效，请重新输入数值数据!请输入第 n 个数"。录入完毕后，"开始录入"按钮变灰，其他按钮变为可用状态。单击相应的按钮可分别求出所录入数据的升序、降序排列及最大数和最小数，并在右侧对应的文本框中显示（注意用 $a(10)$ 存放最大数，$a(1)$ 存放最小数），单击"清除"按钮将所有文本框清空。

sjt4.frm 的代码如下：

```
Option Explicit
Dim a(10) As Variant
Dim i As Integer, j As Integer
Dim m As Single
Private Sub Command1_Click()
    'Text2.Text=?
    Command1.Enabled=False
    Command7.Enabled=True
End Sub
Private Sub Command2_Click()
    'Text3.Text=?
    Command2.Enabled=False
    Command7.Enabled=True
```

```
        End Sub
    Private Sub Command3_Click()
        For i=1 To 10
            'Text1.Text=Text1.Text & ? & ","
        Next i
        Command3.Enabled=False
        Command7.Enabled=True
    End Sub
    Private Sub Command4_Click()
        For i=10 To 1 Step -1
            'Text4.Text=Text4.Text & ? & ","
        Next i
        Command4.Enabled=False
        Command7.Enabled=True
    End Sub
    Private Sub Command5_Click()
        End
    End Sub
    Private Sub Command6_Click()
        Label1.Enabled=False
        For i=1 To 10
            a(i)=InputBox("请输入第 " & i & " 个数,请务必输入数值数据！", "输入")
            Do While IsNumeric(a(i)) = False
              a(i)=InputBox("输入数据无效，请重新输入数值数据！" & "请输入第 " & i &
                  " 个数", "输入")
            Loop
        Next i
        For i=1 To 9
            For j=i+1 To 10
                'If Val(a(j)) ?Val(a(i)) Then
                    m=a(j)
                    a(j)=a(i)
                    a(i)=m
                End If
            Next j
        Next i
        Command6.Enabled=False
        Command1.Enabled=True
        Command2.Enabled=True
        Command3.Enabled=True
        Command4.Enabled=True
        Command5.Enabled=True
        Command7.Enabled=False
    End Sub
    Private Sub Command7_Click()
        'Text1.Text=?
        'Text2.Text=?
        'Text3.Text=?
        'Text4.Text=?
        Label1.Enabled=True
```

```
            Command6.Enabled=True
            Command4.Enabled=False
            Command3.Enabled=False
            Command2.Enabled=False
            Command1.Enabled=False
            Command7.Enabled=False
        End Sub
        Private Sub Form_Load()
            Command1.Enabled=False
            Command2.Enabled=False
            Command3.Enabled=False
            Command4.Enabled=False
            Command7.Enabled=False
        End Sub
```

三、综合应用题（30 分）

在考生文件夹下有工程文件 sjt5.vbp 及窗体文件 sjt5.frm，该程序是不完整的，请在有"?"的地方填入正确内容，然后删除"?"及所有注释符（即"'"号），但不能修改其他部分。存盘时不得改变文件名和文件夹。

在名称为 Form1，标题为"分苹果"的窗体上，有 1 个名称为 Frame1、标题为"分苹果大赛"的框架控件，其中包括 4 个 Picture 控件、4 个 Label 控件和 4 个 Command 控件。具体如下：

PicSmile(0)和 PicSmile(1)为 Tom 和 Marry 的笑脸图案，PicCry(0)和 PicCry(1)为哭脸图案；PicSmile(0)和 PicCry(0)重叠，PicSmile(1)和 PicCry(1)重叠。单击 Command1(0)和 Command1(1)时，Label(0)和 Label(1)减少。当 Label(0)或 Label(1)的值为零时，相对应的 Command 按钮失效(变灰)；按 Command2(0)和 Command1(1)时，Label(0)和 Label(1)增加。程序启动时两人均为笑脸，如图 A-10 所示。两人当中所分苹果比较多的呈现笑脸，另一个是哭脸；如果两人的苹果一样多，则两人都为笑脸。

图 A-10　程序运行界面

sjt5.frm 的代码如下：

```
    Option Explicit
    Private Sub Command1_Click(Index As Integer)
        If Index=0 Then
            If Val(Label3(0).Caption)>1 Then
                Command1(0).Enabled=True
                Label3(0).Caption=Label3(0).Caption-1
            Else
                If Val(Label3(0).Caption)=1 Then
                    Label3(0).Caption=Label3(0).Caption-1
                End If
                'Command1(0).Enabled=?
            End If
        Else
```

```vb
        If Val(Label3(1).Caption)>1 Then
            Command1(1).Enabled=True
            Label3(1).Caption=Label3(1).Caption-1
        Else
            If Val(Label3(1).Caption)=1 Then
                Label3(1).Caption=Label3(1).Caption-1
            End If
            Command1(1).Enabled=False
        End If
    End If
    'If Val(Label3(0).Caption) ? Val(Label3(1).Caption) Then
        picSmile(0).Visible=True
        picCry(0).Visible=False
        picCry(1).Visible=True
        picSmile(1).Visible=False
    Else
        'If Val(Label3(0).Caption) ? Val(Label3(1).Caption) Then
            picCry(0).Visible=True
            picSmile(0).Visible=False
            picSmile(1).Visible=True
            picCry(1).Visible=False
        Else
            picSmile(0).Visible=True
            picCry(0).Visible=False
            picSmile(1).Visible=True
            picCry(1).Visible=False
        End If
    End If
End Sub
Private Sub Command2_Click(Index As Integer)
    If Index=0 Then
        'Label3(0).Caption=?
        Command1(0).Enabled=True
    Else:
        'Label3(1).Caption=?
        Command1(1).Enabled=True
    End If
    'If Val(Label3(0).Caption) ? Val(Label3(1).Caption) Then
        picSmile(0).Visible=True
        picCry(0).Visible=False
        picCry(1).Visible=True
        picSmile(1).Visible=False
    Else
        'If Val(Label3(0).Caption) ? Val(Label3(1).Caption) Then
            picCry(0).Visible=True
            picSmile(0).Visible=False
            picSmile(1).Visible=True
            picCry(1).Visible=False
        Else
            picSmile(0).Visible=True
```

```
            picCry(0).Visible=False
            picSmile(1).Visible=True
            picCry(1).Visible=False
        End If
    End If
End Sub
Private Sub Form_Load()
    picSmile(0).Visible=True
    picSmile(1).Visible=True
    Command1(0).Enabled=False
    Command1(1).Enabled=False
End Sub
```

江苏省计算机等级考试二级 Visual Basic 上机考试模拟题（一）

一、改错题（14 分）

【题目】

本程序的功能是：从给定的数中找出互质的数对。所谓互质，是指两个数的最大公约数为 1。例如，在给定的数"18、47、35、68、34、25、90、21"中，18 和 47 就是互质数对之一。本题程序界面如图 A-11 所示。

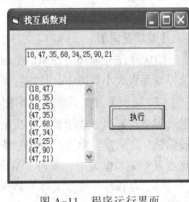

图 A-11　程序运行界面

```
Option Explicit
Private Sub Command1_Click()
    Dim a() As Integer, i As Integer, n As
Integer
    Dim f As Boolean, st As String, k As
Integer
    st=RTrim(Text1)
    Do
        n=InStr(st, ",")
        k=k+1
        ReDim a(k)
        If n<>0 Then
            a(k)=Left(st, n-1)
            st=Right(st, Len(st)-n)
        Else
            a(k)=st
        End If
    Loop Until n=0
    For i=1 To UBound(a)-1
        f=False
        For n=i+1 To UBound(a)
            Call chzh(a(i), a(n), f)
            If f Then List1.AddItem "(" & a(i) & "," & a(n) & ")"
        Next n
    Next i
End Sub
Private Sub chzh(a As Integer, ByVal b As Integer, f As Boolean)
```

```
        Dim r As Integer
        Do
            r=a Mod b
            a=b
            b=r
        Loop Until r=0
        If a=1 Then f=True
    End Sub
```

【要求】

（1）新建工程，输入上述代码，改正程序中的错误。

（2）改错时，不得增加或删除语句，但可适当调整语句位置。

（3）将窗体文件和工程文件分别命名为 F1 和 P1，并保存到考生文件夹下。

二、编程题（26分）

【题目】

编写程序找出介于 X、Y（$X>100$，$Y<8\,000$）之间的勾股弦数。设 N 是介于 X、Y 之间的正整数，它的第一位、第二位数字依次为 A、B，最后一位（或两位）是 C，若 $A^2+B^2=C^2$，则这样的数 N 称为勾股弦数。

【编程要求】

（1）程序界面如图 A-12 所示，在编程时不得增加或减少界面对象或改变对象的种类，窗体及界面元素大小要适中，且均可见。

（2）运行程序，首先在文本框 X 和 Y 中输入查找范围，然后单击"运行"按钮，在列表框中以指定格式输出查找结果，若指定区间无勾股弦数，则输出"无勾股弦数！"信息；单击"清理"按钮，将文本框和列表框清空，将焦点置于文本框 X 上；单击"结束"按钮，结束程序运行。

（3）在程序中应定义一个通用过程，用于将一个整数按给定规则分解成 3 个数，并验证其是否为勾股弦数。

【提示】

注意三角形的边长不得为 0。

【要求】

将窗体文件和工程文件分别命名为 F2 和 P2，并保存到考生文件夹下。

图 A-12　程序运行界面

江苏省计算机等级考试二级 Visual Basic 上机考试模拟题（二）

一、改错题（14分）

【题目】

本程序的功能是：将一个带小数点的二进制数转换为相应的十进制数。程序界面如图 A-13 所示。

```
Option Explicit
Private Sub Command1_Click()
```

```
    Dim sb As String, sd As String, sf As String
    Dim k As Integer
    sb=Text1
    k=InStr(sb, ".")
    sd=Left(sb, k-1)
    sf=Right(sb, Len(sb)-k)
    Text2=change1(sd) & "." & change2(sf)
End Sub
Private Function change1(s As String) As String
    Dim i As Integer, n As Integer
    Dim st As String*1, p As Integer
    n=0
    For i=Len(s) To 1 Step-1
        st=Mid(s, i, 1)
        p=p+Val(st)*2^n
        n=n+1
    Next i
    change1=p
End Function
Private Function change2(s As String) As String
    Dim i As Integer, n As Integer
    Dim st As String*1, p As Integer
    n=0
    For i=1 To Len(s)
        st=Mid(s, i, 1)
        p=p+Val(st)*2^n
        n=n-1
    Next i
    change2=p
End Function
```

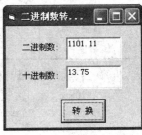

图 A-13 程序运行界面

【要求】

（1）新建工程，输入上述代码，改正程序中的错误。

（2）改错时，不得增加或删除语句，但可适当调整语句位置。

（3）将窗体文件和工程文件分别命名为 F1 和 P1，并保存到考生文件夹下。

二、编程题（26分）

【题目】

编写程序，在给定范围（如 2~5 000）内查找各位数字的阶乘之和等于该数本身的数。例如 40 585=4!+0!+5!+8!+5!就是满足条件的数。

【编程要求】

（1）程序界面如图 A-14 所示，在编程时不得增加或减少界面对象或改变对象的种类，窗体及界面元素大小要适中，且均可见。

（2）运行程序，首先在文本框 1 和 2 中输入表示查找范围的 x 与 y 的数值，单击"查找"按钮，开始查找并在多行文本框中显示结果（格式参见图 A-14），单击"清除"按钮，则将所有文本框清空，并将焦点置于文本框 1 上。

图 A-14 程序运行界面

（3）在程序中至少应定义一个名为 jx 的函数过程，用于求一个整数的阶乘。

【提示】

在程序中需要提取组成某个整数的各位数字，再调用求阶乘函数，求出每位数字的阶乘之和。注意 0!=1。

【要求】

将窗体文件和工程文件分别命名为 F2 和 P2，并保存到考生文件夹下。

全国计算机等级考试二级 Visual Basic 上机考试模拟题（一）参考答案

一、基本操作

（1）**【解题思路】**命令按钮的标题由 Caption 属性设置，单击命令按钮触发 Click 事件。程序用到了 MsgBox 函数和 InputBox 函数。

【操作步骤】

步骤1：建立界面，并设置控件属性。程序中用到的控件及其属性如表 A-1 所示。

表　A-1

控件	命令按钮 1		命令按钮 2	
属性	Name	Caption	Name	Caption
设置值	Cmd1	输入	Cmd2	连接

步骤2：编写程序代码。

```
Option Explicit
Dim a As String
Dim b As String
Private Sub Cmd1_Click()
    a=InputBox("输入第一个字符串: ", , "第一个串")
    b=InputBox("输入第二个字符串: ", , "第二个串")
End Sub
Private Sub Cmd2_Click()
    MsgBox a & b, vbOKOnly
End Sub
```

步骤3：调试并运行程序，按题目要求存盘。

（2）**【解题思路】**要使文本框移动到窗体的左上角，需设置文本框的 Left 属性和 Top 属性值均为 0；要使文本框移动到窗体的右上角，则需将文本框的 Top 属性值设置为 0，Left 属性值为窗体的内部有效宽度减去文本框的宽度后的值。

【操作步骤】

步骤1：新建一个"标准 EXE"工程，在窗体 Form1 中画 1 个名为 Text1 的文本框，并将其 Text 属性值设置为空白。

步骤2：编写程序代码。

```
Private Sub Form_Click()
    Text1.Top=0
    Text1.Left=0
```

```
End Sub
Private Sub Text1_Change()
    Text1.Top=0
    Text1.Left=Form1.ScaleWidth-Text1.Width
End Sub
```

二、简单应用题

（1）【解题思路】该题用到两个函数和一个公式，Val()是将其内容转变为数字类型，Sqr()是求数值的平方根，而求解三角形的面积时用到海伦公式，即 $S = Sqr(p \cdot (p-a) \cdot (p-b) \cdot (p-c))$，其中，$a$、$b$、$c$ 是三角形的三个边，$p = (a+b+c)/2$。

第 1 个？处填入：

```
a <> 0 And b <> 0 And c <> 0 And a + b > c And a + c > b And b + c > a
```

第 2 个？处填入：

```
a^2+b^2=c^2 Or a^2+c^2=b^2 Or b^2+c^2=a^2
```

第 3 个？处填入：

```
a^2+b^2>c^2 And a^2+c^2>b^2 And b^2+c^2>a^2
```

第 4 个？处填入以下程序：

```
Text1.Text=""
Text2.Text=""
Text3.Text=""
Text4.Text=""
Text5.Text=""
Text6.Text=""
Text7.Text=""
Command2.Enabled=False
```

（2）【解题思路】本题需要在"图片交换"命令按钮的 Click 事件过程中，通过 LoadPicture() 函数分别为两个图片框重新加载图片。

【操作步骤】

步骤 1：新建一个"标准 EXE"工程，建立界面并设置控件属性。程序中用到的控件及其属性如表 A-2 和表 A-3 所示。

表　A-2

控件	图片框 1			
属性	Name	Picture	Width	Height
设置值	Pic1	pic1.bmp	1 700	1 700

表　A-3

控件	图片框 2				命令按钮	
属性	Name	Picture	Width	Height	Name	Caption
设置值	Pic2	pic2.jpg	1 700	1 700	Cmd1	交换图片

步骤 2：编写程序代码。

```
Private Sub Cmd1_Click()
    Pic1.Picture=LoadPicture(App.Path+"\\pic2.jpg")
```

```
        Pic2.Picture=LoadPicture(App.Path+"\\pic1.bmp")
End Sub
```

三、综合应用题

【解题思路】用 Open 语句打开随机文件，其语法格式为：Open FileName for Random as #FileNumber Len = 记录长度。

【操作步骤】

步骤 1：新建一个"标准 EXE"工程，建立界面，并设置控件属性。程序用到的控件及其属性如表 A-4 和表 A-5 所示。

表　A-4

控件	文　本　框			
属性	Name	Text	MultiLine	ScrollBars
设置值	Text1		True	2

表　A-5

控件	命令按钮 1		命令按钮 2	
属性	Name	Caption	Name	Caption
设置值	Cmd1	添加两条记录	Cmd2	显示所有记录

步骤 2：编写程序代码。

```
Private Type PalInfo
    Name As String * 8
    Tel As String * 10
    Post As Long
End Type
Dim Pal As PalInfo
Private Sub Cmd1 Click()
    Open App.Path & "\\in5.txt" For Random As #1 Len=Len(Pal)
    Pal.Name="Zhang"
    Pal.Tel="68830000"
    Pal.Post=100045
    Put #1, 4, Pal
    Pal.Name="Wang"
    Pal.Tel="68156666"
    Pal.Post=100057
    Put #1, 5, Pal
    Close #1
End Sub
Private Sub Cmd2 Click()
    Text1.Text=""
    Open App.Path & "\\in5.txt" For Random As #1 Len=Len(Pal)
    While Not EOF(1)
        Get #1, , Pal
        Text1.Text = Text1.Text & Pal.Name & Pal.Tel & Pal.Post & vbCrLf
    Wend
    Close #1
End Sub
```

全国计算机等级考试二级 Visual Basic 上机考试模拟题（二）参考答案

一、基本操作

（1）【解题思路】在属性窗口各列表框中添加项目；列表框的 Text 属性为最后一次选中的列表项的文本，且每次不少于两项，如少于则会通过 MsgBox 函数给出提示。

【操作步骤】

步骤 1：建立界面，并设置控件属性。程序中用到的控件及其属性如表 A-6 所示。

表 A-6　控件名称及属性

控件	列表框 1			列表框 2	命令按钮	
属性	Name	MultiSelect	List	Name	Name	Caption
设置值	List1	2	第一题，第二题 第三题，第四题 第五题，第六题 第七题，第八题	List2	Cmd1	复制

步骤 2：编写程序代码。

```
Option Explicit
Private Sub Cmd1 Click()
    Dim i As Integer, j As Integer
    Dim a(8)  As String
    For i = 0 To List1.ListCount - 1
      If List1.Selected(i)  Then
          a(i) = List1.List(i)
          j = j + 1
      End If
    Next i
    If j<2 Then
      MsgBox "请选择至少两项"
    Else
      List2.Clear
      For i = 0 To List1.ListCount - 1
        If a(i)<>"" Then List2.AddItem a(i)
      Next
    End If
End Sub
```

（2）【解题思路】本题可用 Val 函数将文本框 Text1 中的内容转换为数值数据后赋值给变量 c，然后利用公式 $f = c \times 9/5 + 32$ 计算出 f 的值。

【操作步骤】

步骤 1：新建一个"标准 EXE"工程，建立界面，并设置控件属性。程序用到的控件及其属性如表 A-7 和表 A-8 所示。

表 A-7　控件名称及属性

控件	标签		文本框 1	
属性	Name	Caption	Name	Text
设置值	Lab1	请输入一个摄氏温度	Text1	

表 A-8　控件名称及属性

控件	文本框 2		命令按钮	
属性	Name	Text	Name	Caption
设置值	Text2		Cmd1	华氏温度等于

步骤 2：编写程序代码。

```
Private Sub Cmd1 Click()
    Dim c As Single
    Dim f As Single
    c = Val(Text1.Text)
    f = c*9/5 + 32
    Text2.Text = f
End Sub
```

二、简单应用题

（1）【解题思路】程序中用到了 RGB 函数，该函数通过红、绿、蓝三基色产生某种颜色，语法为 RGB(红,绿,蓝)函数，其中括号中的红、绿、蓝三基色的范围为 0～255 之间的整数。

第 1 个？处填入：HScroll1.Value；第 2 个？处填入：BackColor；第 3 个？处填入：RGB；第 4 个？处填入：Lable4.BackColor。

（2）【解题思路】用数组 $a(10)$ 来接收 InputBox 函数输入的 10 个数，判断是否是数字，可用 IsNumeric()函数实现，本程序中用到的排序方法是将某一个元素作为标杆，其后的每一个元素与其比较，若小于标杆则两者交换，依此类推。在文本框中显示升序和降序时只要两者反序显示即可，即升序可依次显示 $a(1)$ 到 $a(10)$，降序可依次显示 $a(10)$ 到 $a(1)$。

第 1 个？处填入：$a(10)$；第 2 个？处填入：$a(1)$；第 3 个？处填入：$a(i)$；第 4 个？处填入：$a(i)$；第 5 个？处填入：<；第 6～9 个？处填入：""。

三、综合应用题

【解题思路】控件是否可用由其 Enabled 属性决定，控件是否可见由其 Visible 属性决定。

第 1 个？处填入：False；第 2 个？处填入：>；第 3 个？处填入：<；第 4 个？处填入：Label3(0).Caption + 1；第 5 个？处填入：Label3(1).Caption + 1；第 6 个？处填入：>；第 7 个？处填入：<。

江苏省计算机等级考试二级 Visual Basic 上机考试模拟题（一）参考答案

一、改错题

步骤 1：新建一个"标准 EXE"工程。

步骤 2：在窗体 Form1（Caption 属性设置为"找互质数对"）中加入 1 个文本框、1 个列表框及 1 个按钮，设置 Text1 为空，List1 为空，Command1 显示"执行"。

步骤 3：根据题目给出的代码，运行程序，改正错误。

（1）错误提示 1：除数为零，指向代码行 "r=a Mod b"，检查 a 和 b 的值，发现二者都为 0，原因在于实参中 $a(i)$ 与 $a(n)$ 为 0，显示数组 a 的值存在问题。Redim $a(k)$ 将数组中各元素置为整型的默认值 0，因此应该把 Redim $a(k)$ 更改为 ReDim Preserve $a(k)$。

（2）运行程序，出现图 A-15 所示界面。显然在调用完求最大公约数的过程后实参 a(i) 被更改为 1，原因在于 Private Sub chzh(a As Integer, ByVal b As Integer, f As Boolean) 中 a 为传址方式，在 chzh 中 a 被更改为 1 影响了实参的值，因为在 a 前面加 ByVal。

（3）运行程序，出现图 A-16 所示界面。显然 18、68 的最大公约数是 2，不符合互质的条件。观察结果发现当第一个数 a(i) 取 18 时，后面每个数 a(n) 都与之构成互质，读程序发现当第一次调用 chzh 后 f 取值为 True，而在 a(n) 取得下一个数 35 时，f 应该被置为 False，然后调用 chzh 进行判断。因此应将语句 f = False 移到 For n = i + 1 To UBound(a) 下面作为该 For 循环的循环体语句。

图 A-15　程序运行界面

图 A-16　程序运行界面

二、编程题

步骤 1：新建一个"标准 EXE"工程。

步骤 2：在窗体 Form1（Caption 属性设置为"查找勾股弦数"）中加入 2 个标签、2 个文本框，1 个列表框，3 个按钮，根据题目要求界面设置相关属性（略）。

步骤 3：打开代码窗口，输入如下代码。

```
Option Explicit
Private Sub Command1_Click()
    Dim n As Integer, a As Integer, b As Integer, c As Integer
    Dim s As String, X As Integer, Y As Integer, js As Integer
    X=Text1: Y=Text2              '赋值查找范围
    For n=X To Y
        If funct(n, a, b, c) Then
            s=a & "^2+" & b & "^2=" & c & "^2"        '构建勾股弦数表达式
            List1.AddItem n & ":" & s
            js = js+1     '个数增1
        End If
    Next n
    If js=0 Then List1.AddItem "无勾股弦数!"
End Sub
Private Function funct(ByVal n As Integer, a As Integer, b As Integer, c As Integer) As Boolean
    Dim s As Integer, tern As Integer
    If n<1000 Then
        a=n\100                   '提取百位数字
        b=(n Mod 100)\10          '提取十位数字   或写成n\10 Mod 10
        c=n Mod 10                '提取个位数字
        If b=0 Or c=0 Then Exit Function   '不能构成三角形
    Else
```

```
        a=n\1000
        b=(n Mod 1000)\100
        c=n Mod 100
        If b=0 Or c<10 Then Exit Function
    End If
    If a^2+b^2=c^2 Then funct=True
                                        '数字 a、b、c 可以构成一个直角三角形
End Function
Private Sub Command2_Click()
    Text1=""
    Text2=""
    List1.Clear
    Text1.SetFocus
End Sub
Private Sub Command3_Click()
    End
End Sub
```

江苏省计算机等级考试二级 Visual Basic 上机考试模拟题（二）参考答案

一、改错题

步骤 1：新建一个"标准 EXE"工程。

步骤 2：在窗体 Form1（Caption 属性设置为"二进制数转换为十进制数"）中加入 2 个标签、2 个文本框、1 个命令按钮，显示"转换"。

步骤 3：根据题目给出的代码，运行程序，改正错误。

（1）运行程序，出现图 A-17 所示界面。

由于小数部分的值应该为 $2^{-1}+2^{-2}=0.75$，但根据编写的 change2 过程中的代码发现小数部分结果为 $1+2^{-1}$，结果 1.5 被显示为 2，显然存放结果的变量 p 类型应该定义为 Single。另外，n 的初值应该改为-1。在 change2 过程中：将 Dim st As String * 1, p As Integer 更改为 Dim st As String * 1, p As Single；将 n = 0 更改为 n=-1。

（2）运行程序，出现图 A-18 所示界面。

图 A-17　程序运行界面

图 A-18　程序运行界面

显然结果出现了两个小数点，原因在于调用 change2 时结果为 0.75，由于在 Visual Basic 中 0 不会被显示，故结果为.75。而调用 change1 的函数返回值为 13，故执行语句 Text2 = change1(sd) & "." & change2(sf)后文本框 2 中显示为 13..75。根据二进制转换为十进制的原则：按位权展开后求和，又因为 change1 与 change2 过程的返回值均为 String 类型，因此将该语句更改为 Text2 =

Val(change1(sd)) +Val(change2(sf))。

二、编程题

步骤 1：新建一个"标准 EXE"工程。

步骤 2：在窗体 Form1（Caption 属性设置为"查找数据"）中加入 2 个标签、3 个文本框和 2 个按钮，根据题目要求界面设置相关属性，注意文本框 3 的多行属性应该设置为 True。

步骤 3：打开代码窗口，输入如下代码。

```vb
Option Explicit
Private Sub Command1_Click()
    Dim i As Long, x As Long, y As Long, sum As Long
    Dim num() As Integer, st As String, j As Integer
    x=Text1
    y=Text2
    For i=x To y
        Call pf(i, sum, num)
        If i=sum Then                          '各位阶乘之和等于本身
            st=st & i & "="
            For j=UBound(num) To 1 Step-1
                st=st & num(j) & "!+"          '构建字符串
            Next j
            st=Left(st, Len(st)-1) & vbCrLf    '去掉最后的加号并换行
        End If
    Next i
    Text3=st
End Sub
Private Function jx(n As Integer) As Long
    If n=1 Or n=0 Then
        jx=1
    Else
        jx=n*jx(n-1)                           '递归算法计算阶乘
    End If
End Function
Private Sub pf(ByVal n As Long, sum As Long, num() As Integer)
    Dim i As Integer
    sum=0
    Do
        i=i+1
        ReDim Preserve num(i)
        num(i)=n Mod 10                        '取出各位数字
        sum=sum+jx(num(i))                     '计算阶乘之和
        n=n\10
    Loop Until n<=0
End Sub
Private Sub Command2_Click()
    Text1=""
    Text2=""
    Text3=""
    Text1.SetFocus
End Sub
```

参 考 文 献

[1] 李俊民，许波. Visual Basic 轻松入门[M]. 北京：人民邮电出版社，2009.

[2] 刘瑞新，汪远征. Visual Basic 程序设计教程上机指导及习题解答[M]. 2 版. 北京：机械工业出版社，2008.

[3] 刘炳文. Visual Basic 程序设计教程题解与上机指导[M]. 3 版. 北京：清华大学出版社，2006.

[4] 周杭霞，雷凌，战国科. Visual Basic 程序设计实验与习题指导[M]. 北京：清华大学出版社，2008.

[5] 刘彬彬，高春艳，孙秀梅. Visual Basic 从入门到精通[M]. 北京：清华大学出版社，2008.

[6] 郭政，沈昕，肖柠朴，等. 中文 Visual Basic 6.0 基础教程[M]. 北京：人民邮电出版社，2006.

[7] 王丽君. Visual Basic 程序设计[M]. 北京：清华大学出版社，2009.

[8] 龚沛曾，陆慰民，杨志强. Visual Basic 程序设计简明教程[M]. 北京：高等教育出版社，2006.

[9] 史春联. Visual Basic 程序设计：等级考试版[M]. 北京：清华大学出版社，2008.

[10] 陈紫红，安剑，孙秀梅. Visual Basic 项目开发全程实录[M]. 北京：清华大学出版社，2008.

[11] 丁育萍. Visual Basic 6.0 程序设计教程[M]. 北京：电子工业出版社，2008.

[12] 孙建国，海滨. 新编 Visual Basic 实验指导书[M]. 苏州：苏州大学出版社，2002.